【远去的风帆】

南黄海渔事

NAN HUANG HAI YU SHI

张贵驰 著

苏州大学出版社
Soochow University Press

图书在版编目（CIP）数据

南黄海渔事 / 张贵驰著． — 苏州 ：苏州大学出版社，2015.5
（江海文化丛书 / 姜光斗主编）
ISBN 978-7-5672-1321-0

Ⅰ．①南… Ⅱ．①张… Ⅲ．①黄海－文化 Ⅳ．①P722.5

中国版本图书馆CIP数据核字（2015）第106720号

书　　名　南黄海渔事
著　　者　张贵驰
责任编辑　盛　莉
出版发行　苏州大学出版社
　　　　　（苏州市十梓街1号　215006）
印　　刷　南通市崇川广源彩印厂
开　　本　890×1240　1/32
印　　张　5.625
字　　数　143千
版　　次　2015年6月第1版
　　　　　2015年6月第1次印刷
书　　号　ISBN 978-7-5672-1321-0
定　　价　18.00元

苏州大学出版社营销部　电话：0512-65225020
苏州大学出版社网址　http://www.sudapress.com

“江海文化丛书”编辑委员会

“江海文化丛书”总序

李　炎

由南通市江海文化研究会编纂的“江海文化丛书”（以下简称“丛书”），从2007年启动，2010年开始分批出版，兀兀穷年，终有所获。思前想后，感慨良多。

我想，作为公开出版物，这套“丛书”面向的不仅是南通的读者，必然还会有国内其他地区甚至国外的读者。因此，简要地介绍南通市及江海文化的情况，显得十分必要，这样便于了解南通的市情及其江海文化形成的自然环境、社会条件和历史过程；同时，出版这套“丛书”的指导思想、选题原则和编写体例，一定也是广大读者所关心的，因此，介绍有关背景情况，将有助于阅读和使用这套“丛书”。

南通市位于江苏省中东部，濒江（长江）临海（黄海），三面环水，形同半岛；背靠苏北腹地，隔江与上海、苏州相望。南通以其独特的区位优势及人文特点，被列为我国最早对外开放的14个沿海港口城市之一。

南通市所处的这块冲积平原，是由于泥沙的沉积和潮汐的推动而由西北向东南逐步形成的，俗称江海平原，是一片古老而又年轻的土地。境内的海安县沙岗乡青墩新石器文化遗址告诉我们，距今5 600年左右，就有先民在此生息繁衍；而境内启东市的成陆历史仅300多年，设县治不过80余年。在漫长的历史过程中，这里有沧海桑田的变化，有八方移民的杂处；有四季分明、雨水充沛的“天时”，有产盐、植棉的“地利”，更有一代代先民和谐共存、自强不息的“人和”。19世纪末20世纪初，这里成为我国实现早期现代化的重要城市。晚清状元张謇办实业、办教育、办慈善，以先进的理念规划、建设、经营城市，南通走出了一条与我国近代商埠城市和曾被列强所占据的城市迥然不同的发展道路，被誉为“中国近代第一城”。

南通于五代后周显德五年（958）筑城设州治，名通州。北宋时一度（1023—1033）改称崇州，又称崇川。辛亥革命后废州立县，称南通县。1949年2月，改县为市，市、县分治。1983年，南通地区与南通市合并，实行市管县新体制至今。目前，南通市下辖海安、如东二县，如皋、海门、启东三市，崇川、港闸、通州三区和国家级经济技术开发区；占地8 001平方公里，常住人口约770万，流动人口约100万。据国家权威部门统计，南通目前的总体实力在全国大中城市（不含台、港、澳地区）中排第26位，在全国地级市中排第8位。多年来，由于各级党委、政府的领导及全市人民的努力，南通获得了“全国文明城市”、“国家历史文化名城”、“全国综合治理先进城市”、“国家卫生城市”、“国家环保模范城市”、“国家园林城市”等称号，并有“纺织之乡”、“建筑之乡”、“教育之乡”、“体育之乡”、“长寿之乡”、“文博之乡”等美誉。

江海文化是南通市独具特色的地域文化，上下五千年，南北交融，东西结合，具有丰富的历史内涵和深邃的人文精神。同其他地域文化一样，江海文化的形成，不外乎两种主要因素，一是自然环境，二是社会结构。但她与其他地域文化不尽相同之处是：由于南通地区的成陆经过漫长的岁月和不同阶段，因此移民的构成呈现多元性和长期性；客观上又反映了文化来源的多样性以及相互交融的复杂性，因而使得江海文化成为一种动态的存在，是“变”与“不变”的复合体。“变”的表征是时间的流逝，“不变”的表征是空间的凝固；“变”是组成江海文化的各种文化“基因”融合后的发展，“不变”是原有文化“基因”的长期共存和特立独行。对这些特征，这些传统，需要全面认识，因势利导，也需要充分研究和择优继承，从而系统科学地架构起这一地域文化的体系。

正因为江海文化依存于独特的地理、自然环境，蕴含着自身的历史人文内涵，因而她总会通过一定的“载体”体现出来。按照联合国教科文组织的分类，“文化遗产”可分为四类：即自然遗产、文化遗产、自然与文化遗产、非物质文化遗产。而历史文化人物、历史文化事件、历史文化遗址、历史文化艺术等，又是这四类中常见的例证。譬如，我们说南通历代人文荟萃、名贤辈出，可以随口道出骆宾王、范仲淹、王安石、文天祥、郑板桥等历代名人在南通留下的不朽篇章和轶闻逸事；可以随即数出三国名臣吕岱，宋代大儒胡瑗，明代名医陈实功、文学大家冒襄、戏剧泰斗李渔、曲艺祖师柳敬亭，清代扬州八怪之一的李方膺等南通先贤的生平业绩；进入近代，大家对张謇、范伯子、白雅雨、韩紫石等一大批南通优秀儿女更是耳熟能详；至于说现当代的南通籍革命家、科学家、文学家、艺术家以及各行各业的优秀人才，也是不胜枚举。在他们身上，都承载着江海文化的优秀传统和人文精神。同样，对历史文化的其他类型也都是认识南通和江海文化的亮点与切入口。

本着“文化为现实服务，而我们的现实是一个长久的现实，因此不能急功近利”的原则，南通市江海文化研究会在成立之初，就将“丛书”的编纂作为自身的一项重要任务。

我们试图通过对江海文化的深入研究，将其中一部分能反映江海文化特征，反映其优秀传统及人文精神的内容和成果，系统整理、编纂出版“江海文化丛书”。这套“丛书”将为南通市政治、经济、社会全面和谐发展提供有力的文化支撑，为将南通建成文化大市和强市夯实基础，同时也为“让南通走向世界，让世界了解南通”做出贡献。

“丛书”的编纂正按照纵向和横向两个方向逐步展开。

纵向——即将不同时代南通江海文化发展史上的重要遗址（迹）、重大事件、重要团体、重要人物、重要成果经过精选，确定选题，每一种写一方面具体内容，编纂成册；

横向——即从江海文化中提取物质文化或非物质文化的精华，如“地理变迁”、“自然风貌”、“特色物产”、“历代移民”、“民俗风情”、“方言俚语”、“文物名胜”、“民居建筑”、“文学艺术”等，分门别类，进行归纳，每一种写一方面的内容，形成系列。

我们力求使这套“丛书”的体例结构基本统一，行文风格大体一致，每册字数基本相当，做到图文并茂，兼有史料性、学术性和可读性。先拿出一个框架设想，通过广泛征求意见，确定选题，再通过自我推荐或选题招标，明确作者和写作要求，不刻意强调总体同时完成，而是成熟一批出版一批，经过若干年努力，基本完成“丛书”的编纂出版计划。有条件时，还可不断补充新的选题。在此基础上，最终完成《南通江海文化通史》《南通江海文化学》等系列著作。

通过编纂“丛书”，我有四点较深的体会：

一是有系统深入的研究基础。我们从这套“丛书”，看到了每一单项内容研究的最新成果，作者都是具有学术素养的资料收集者和研究者；以学术成果支撑“丛书”的编纂，增强了它的科学性和可信度。

二是关键在广大会员的参与。选题的确定，不能光靠研究会领导，发动会员广泛参与、双向互动至关重要。这样不仅能体现选题的多样性，而且由于作者大多出自会员，他们最清楚自己的研究成果及写作能力，充分调动其积极性，可以提高作品的质量及成书的效率。

三是离不开各个方面的支持。这包括出版经费的筹措和出版机构的运作。由于事先我们主动向上级领导汇报，向有关部门宣传，使出版“丛书”的重要性及迫切性得到认可，基本经费得到保证；与此同时，“丛书”的出版得到苏州大学出版社的支持，出版社从领导到编辑，高度重视和大力配合；印刷单位全力以赴，不厌其烦。这大大提高了出版的质量，缩短了出版周期。在此，由衷地向他们表示谢意和敬意！

四是有利于提升研究会的水平。正如有的同志所说，编纂出版“丛书”，虽然有难度，很辛苦，但我们这代人不去做，再过10年、20年，就更没有人去做，就更难做了。我们活在世上，总要做些虽然难但应该做的事，总要为后人留下些有益的精神财富。在这种精神的支撑下，我深信研究会定能不辱使命，把“丛书”的编纂以及其他各项工作做得更好。

研究会的同仁嘱我在“丛书”出版之际写几句话。有感而发，写了以上想法，作为序言。

2010年9月

（作者系南通市江海文化研究会会长，“江海文化丛书”编委会主任）

目　录

远去的帆影（代前言） …… 1
第一章　钉船 …… 8
第二章　春汛 …… 30
第三章　滩涂 …… 47
第四章　白路 …… 60
第五章　海鲜 …… 71
第六章　渔俗 …… 96
第七章　渔歌 …… 108
第八章　渔村 …… 117
第九章　渔人 …… 134
第十章　垦殖 …… 151

远去的帆影（代前言）

北宋天圣三年（1025），西溪盐监范仲淹督修捍海堰，南起吕泗，北至阜宁，绵延200余里，此即距今千年的南黄海海岸线，沿海百姓称此捍海堰为范公堤。清雍正二年（1724），海潮冲毁角斜场川港至洋口一段捍海堰，潮退后动工修复，从川港梢子起始，向东重筑一条新海堰，与范公堤平行，两条海堰之间的地带有了一个新地名——夹捍堰。渐有渔民迁居夹捍堰，便形成一些小渔村。在川港梢子夹捍堰起始处，新旧两条海堰成夹角形渐次分岔，很像农家牵磨的磨担，于是川港梢子便被叫作了磨担头。1954年谷雨时节，我出生在磨担头一个小渔村里。1954年为农历甲午年，磨担头发生了一些对小渔村而言应是不小的事情。春夏之交，江苏沿江沿海地区普降大雨，积涝成灾，政府决定乘小汛落潮之际，在磨担头以西范公堤上破堤放水泄洪。激流冲垮海堤，撕出一大段豁口，如何堵堤成了难题。好在赶在海潮倒灌之前，用几条海船满载泥包，横沉于海堤决口，挡住了汹汹海水。决口之处，后来也有了一个新地名——倒口子。此事可证直至20世纪50年代初，磨担头以西范公堤外与千余年前一样，仍为南黄海海潮线。

另一件对小渔村产生重大影响的事，则是合作化运动。

1949年3月，南黄海沿海地区解放后，随即进行土地改革，一些穷苦渔民家庭从邻近农村分得了一些土地或草荒田，但常年在船老板船上当佣工的渔民生活生产方式并未有多大变化。渔业合作化为这些渔民的生产生活带来了重大转机，同时也触动了船老板的根本利益。磨担头小渔村几户船老板所拥有的渔船，均先后入了渔业生产合作社，原先在这些船上当佣工的渔民则成了合作社社员，后来又称为渔业工人。在粮食实行国家统购统销政策之后，渔业工人定为非农户口，国家每月供应定量粮食，成为周边农村农民非常羡慕的"吃供应粮"人员。船老板重金钉造的渔船虽然入了社，但比农村地主富农成分人家要好得多，在一定程度上按"渔业资本家"政策对待，每年领取一定的分红定息，直至十几年后"文化大革命"运动才被取消。我家半条渔船即在我出生的这一年入社归公。

准确而言，磨担头只是我的出生地，而非祖居地。我祖父张春广住在前面说过的"倒口子"夹捍堰脚下，以剪卖农家妇女绣花用的"花样"及年画春联为生。我父亲张怀文在新中国成立前参加革命工作，此时任职于栟北区公所，公所驻地浒零镇在磨担头南边，距我外婆家不远，我即随母亲吴义媛生活于磨担头外婆家。外婆家原先是做麻丝生意的，我外祖父的父亲吴志和多年贩卖渔业生产资料苎麻，积攒了一些钱后，与人合伙钉了一条海船，起名"三合厢"，做起了只占三份股的船老板。抗日战争时期，新四军一师组建负责后勤保障的"江海运输公司"，即电影《51号兵站》原型，我外祖父曾和"三合厢"海船一起被雇参加军需物资海运，其间曾多次遇险。合作化运动，"三合厢"自然入了社，但曾外祖父早就病逝，外祖父亦在新中国成立前去了上海，"三合厢"的入社与否跟我外婆家其实已没有太多关系了。写出这些，只是想说明我与南黄海渔事自小就有这么一丝联系。磨担头小渔村入社的这几条渔船，几年后竟然引起了一场震惊南黄海沿海地区，并出了人命的群体械斗事件。

1959年春，海安县县委书记袁广文觉得全县没有一点海岸线，遂向省政府申请将此时隶属如东县的旧场人民公社划归海安县，省政府批复同意。这一区划调整，不仅仅是海安县多了一个2万余人口的公社，多了几公里海岸线，更重要的是拥有了川港、老坝港等几个渔船可以出海靠拢的渔港。旧场公社即历史上著名的淮南盐场中十场之一的角斜场，原属东台县，1955年方才划入如东县。如东县海岸线很长，沿海村镇港口也很多，不在乎这几公里海岸线及几个小港梢子，因此也没有过多意见。但在与邻近德贵公社的渔业生产资料分割上却出现了矛盾。原属磨担头渔村，现为旧场公社十大队的几条渔船，德贵公社扣住不放。几次商量讨要不成，旧场公社十大队大队长带领十几个身强力壮的青年渔民和民兵，准备星夜乘黑将停泊在小洋口港的几条渔船偷偷开回老坝港。估计船上会有人看守，为防打斗，随行民兵带了步枪。果然不出所料，双方一接手即发生了械斗，几名夺船民兵连开数枪，目的是想吓唬一下对方，谁知其中一枪走火，竟然真的打中了对方一名守船渔民，该渔民经抢救无效死亡。如东县政府立即上报南通地区行署。最终以旧场公社主要负责人被撤职处分并追究刑事责任结案。十大队大队长等人也受到相应处理。理应归属十大队的几条渔船，如东德贵公社也在付出沉重代价之后交还。然而十大队最终也没有得到这几条船，旧场公社在这几条渔船的基础上另外组建了一个渔业大队。1963年，渔业大队从旧场公社划出，成立海洋渔业公社，20世纪80年代初改名老坝港镇，即今日之海安县滨海新区。

我的童年及少年时代是在南黄海之滨度过的，儿时的一些记忆断片至今恍如眼前。我外婆家屋近路边，印象最深的是每天会看到许多挑着一只一只套在一起的芦苇簏子下海的渔民从门前大路上经过，或者是扛着卷在长竹竿上的接涨捞网赶潮归来的渔民，更多的是一伙接一伙的用小竹扁担斜挑着两只空网兜（本港人称这些大小不一，专门用来装文蛤等贝类的网兜为“海子”）回家的下小海的人群，这些赶海归来的人几乎全是“空手而归”，因为他们这一潮的赶海收获刚跋过川港梢子挑到磨担头海堤脚下，就被贩海鲜的商贩们一拥而上争相抢购了，1955年之后，则被县供销社设在磨担头的水产收购站按国家统一价格收购了。

贪玩是儿童的天性，常听老人说我小时候很文静，但我觉得我也很会玩的，我记得我的主要玩具是两只用瓜儿鱼皮蒙在竹节筒上的“电话机”，所谓瓜儿鱼，其实就是今天海安大量人工养殖的河豚。“电话机”很神奇，通过一根长长的棉线，竟然真的能听到对方轻声说的话，我记得我曾为此着迷了好长一段时间。大大小小的有着美丽花纹的文蛤壳我也曾收集了很多，并常与小伙伴们比赛，具体比赛方式我在正文中有记述。另一件印象很深的玩具是邻家小孩的，是一块长方形的蓝底白字的搪瓷牌，两头有小孔，用一根绳子穿起来，拎在手上用小棍子敲打，叮叮当当像敲锣。后来知道，这是一块钉在舢板船上的号牌。“文化大革命”中才知道，这种号牌是新中国成立前“海巴子”收“沙珩”用的，所谓“沙珩”是海匪强加给渔民的一种所谓“保护费”，交了钱，渔民领到号牌，钉上舢板船，才可以在潮间带沙珩上张簏子张方作业。总之，我的儿童时代的玩具大多是与南黄海有关的。吃的方面当然更是与海密切相关了，无须多言，但有一年吃春鱼，倒是可以写一笔的。春鱼学名为小黄花鱼，原是南黄海每年春汛的主要渔产品，每船都能打上几千斤。听老人说20世纪50年代前，许多人家春汛过后，都要晒上一竹箔子咸春鱼，用草木灰裹起封坛，留着秋冬季当咸菜下饭。1955年之后，渔产品统购统销，渔民吃春鱼就要到水产站购买了。大约在20世纪60年代初，所谓三年困难时期的某一天，我妈带着我到渔业大队吃春鱼。渔业大队队部在磨担头西边约一里地范公堤南侧堤下，是三合厢式的几大间茅草屋，其中一间做了食堂，大概是1958年大跃进时期集体食堂的遗迹。几口大铁锅内煮满了春鱼，对外出售，一块钱一条。在当时水产站收购价一角几分一斤春鱼的价格背景下，一条至多7两重的鱼竟然卖到了1元，可谓奇贵，后来听大人说，这叫黑市鱼，那时黑市粮曾卖到5元一斤，活命要紧。渔业大队又没有开饭店，将春鱼煮熟了卖也很奇怪，原因是渔产品由国家统购统销，渔业大队不能擅自售卖自己的产品，煮熟了卖钱，是打统购统销政策的擦边球，民不告，官不究，困难时期，有关部门只当没看见。也许很长时间没有鱼吃了，我至今记得这是我平生觉得最好吃的一条鱼。

我的小学、中学都是在栟茶上的，栟茶为南黄海沿海重镇，距南港、小洋口港不远，是这两个港口海产品的主要集散地。我爸单位食堂里，几乎顿顿都是时令海鲜，吃得我发腻，后来甚至见到文蛤就倒胃口，一点也不想再吃了。工作后，在一些应酬筵席上，许多人都奇怪，你一个海边人怎么不吃号称天下第一鲜的文蛤的？我笑笑。大概是在初中阶段，某个星期天，我与几个同学约了到小洋口港汊子捉蟛蜞，落潮水急，过港子时身子往上浮，被潮水冲倒，险被卷走，呛了不少海水，海水又咸又涩的滋味至今难忘。1972年，我高中毕业回到旧场公社，随即置办了站叉、海子等工具，乘雨天生产队不出工，跟着邻居小伙伴偷偷下小海，收获了二十几斤文蛤，之所以说是偷偷下小海，是因为那个年代禁止农民下小海，说农民下小海是搞资本主义副业。现在说来，如同笑话。19岁时，我跟一个在当地很有名望的船老大上了渔业公社五大队的一条渔船，随船出海打鱼，做了一天一夜的“渔民”，不巧的是遇上了7级风，渔船在海浪里颠簸得很厉害，晕船把我的胆汁都呕出来了。20岁那年，我尝试文学创作，处女作短篇小说《海花》在《新华日报》以几乎整版的篇幅刊登，引起反响。这篇以南黄海渔民生活为题材的小说，不久又被收入了江苏文艺出版社于“文革”后期恢复出版工作后出版的第一本小说集《终身课题》。从此我走上了文艺创作之路，告别了南黄海。然而，南黄海已在我心扉间刻下很深的印记，我很想把这些印记写成文字。20世纪50年代之后，社会体制发生巨大变化，科学技术广泛运用，渔船铁制渔轮化，渔网机制尼龙化，渔业捕捞作业电动机械化，进入21世纪以来，甚至卫星定位、声呐探测等高科技手段也运用到海洋渔业生产上，传承千年的南黄海传统渔业生产工具与生产方式以及由此而衍生的海洋渔业文化便如远去的帆影，渐行渐远，不再归港。怀着对故乡南黄海的深深情愫，我勉力记录下这些已经大部分消失了的或者行将消失的南黄海渔事，让远去的帆影留泊于纸面的港湾。

2014年谷雨于樟村

大汛

海子牛

南黄海记忆　　沈启鹏/作

第一章　钉　船

南黄海北至射阳港，南至吕泗港，近海为潮间带滩涂，涨潮是海，退潮是滩，渔船随涨潮进出渔港，退潮搁滩。因此，南黄海渔船较其他海域船型不同，明显区别于东海闽浙一带船头两侧画着鸟眼的尖底“鸟船”，船底较宽且平，落潮后能平稳地停在沙滩上，故称“沙船”。本港人通称“海船”。

钉船

海船全木质结构，铁钉贯连，油灰捻缝，行驶平稳，抗风浪、抗潮涌性能较好。船的使用寿命约50年，排水吨位绝大部分在50~70吨，也有一些20~30吨的小船。南黄海渔民将制造新船通称为“钉船”。

钉船开工前期准备

请领作师傅

南黄海渔船制造，没有设计图纸、施工图纸，全凭领作师傅指挥，所有营造法则及成千个规格尺寸全都熟记在领作师傅心中，因此聘请经验丰富的领作师傅便是钉船准备工作中的首要大事。船主选择领作师傅的标准除考虑其技术水平外，还要综合考虑领作师傅的人品、口碑，以及以往他所钉各船是否顺风顺水等大致情况。经多方权衡，一旦确定人选，船主亲自登门相请，并与领作师傅协商，初步约定开工日期。准确开工日期必须由船主请阴阳先生掐算，俗称“看日子”。

选购木材

领作师傅及开工日期确定之后，船主在领作师傅的协助下选购钉船木材。钉船木材以杉木为主，硬性杂木为辅。船的吨位越大，对木料的要求越高。杉木耐腐蚀性强，弹性、可塑性较好，并具有浮力大、对温度和湿度影响的变率小等诸多优点。杉木中的云杉为上品。所谓云杉指从云南、贵州、湖南等上江地区采购的杉木，优于闽浙赣等地木材。在选料时要注意配置主料，如龙骨、大镴、止口、桅杆等，材料要求挺直而有尾力，使用中必须通长到头，中间不能有镶接。杂木要求性硬，木质紧密耐压，韧性好，耐磨。做肩头、楣梁、舵管的要呈直线。做靠帮走、船肋、前后角走的要具有一定的自然弯势，经适当加工后顺其自然弯势使用。有时为了选自然弯势适用的杂木，领作师傅不得不走村串户在生长的杂树中选购。常用杂树为桑树、榉树等，少量关键部位也有用特别坚实的柞榛树。

购买木材到木行集中选购，沿海集镇均有专供钉船木材的木行。这些木行规模较小，一般是从下江口岸如江都、林梓等地批发木材，长期定点为本港供应木材，已完全了解钉船所用的木材规格和品种。这些木行大都信誉良好，价格也比较合理，一般都能很快成交。钉船所需木材用量巨大，对木行而言，是一年中极少的几宗大生意，因之老板特别重视，大多以酒席盛情款待船主及领作师傅。木材计量单位为码子，以两钱分计算，三十贯为一两。用专量圆周的竹篾制的滩尺距木材“水眼”以上5尺起围测量圆周，三七收篾，逐根围量计码。20世纪50年代之后改用立方米计量。木行另给领作师傅约三分回扣，称作“东山钱”，借“东山再起”的典故，意图下次再来。选中木材由木行伙计打把编排，经河道水运，上岸后再用牛车拉到港边船场。

请铁匠、购买打钉原料和煤炭

南黄海各港把造船称作钉船，既然是钉船，就需要大量铁钉，船底、船帮每根杉木均由铁钉上下相钉。铁钉是靠铁匠打造出炉的，而且铁钉与铁件的品种、规格繁多，用量也很大，因此铁匠在钉船工程中尤为重要。在开工前需请两位铁匠，现场开炉，为钉船全程服务。铁匠与木匠配合默契，木匠所需要的各种型号的铁钉与铁件，只要给铁匠说一声，铁匠就会立即打造出炉，供木匠使用。打制铁钉、铁件的铁和烧炉的煤炭都必须在开工前从外地预先购回备用。

捻缝、绳索、网具、篷帆等材料的购置

渔船木与木之间结合部的缝，要捻实防水。捻缝的材料有三种：桐油、石灰和麻丝。桐油要用足度和洪江两个品种，足度用量大，除捻缝以外，油船的第一遍和第二遍用足度，第三遍用洪江。麻丝最好用苎麻丝。各港集镇均有茶漆店专门从湖南、四川采购贩卖桐油、麻丝。桐油用量较大，除拌油灰之外，油船需用熟油，熟桐油硬干快，油膜丰满度强，性能稳定，因此必须将生桐油熬成熟油备用。传统熬制熟桐油的方法：将纯生桐油倒入大锅中，木柴烧火加热，用木棒不断搅拌。熬炼到一定程度后，立即用散洒的方法，加入土子和密陀僧（金生），再次搅拌，然后用木棒挑起观察，发现挑起的油滴迅速缩回，而且粘劲较大时，说明火候已到。通过出烟降温，自然冷却后装入油缸或油桶备用。茶漆店亦可代为熬制。

捻缝油灰由桐油、石灰、麻丝炼制，俗称"油灰"。石灰需用细石灰，本港人称"洋灰"。麻丝快刀切成寸长，下石臼舂碎，与桐油、石灰拌和，反复锤炼，保湿备用。

制作绳索和网具使用拉麻和苎麻。制作篷帆使用白布，最好是家织的土白布。竹子（做篷档）以及栲篷用的小栲或大栲，与桅杆、篷帆、绳索相配套的各种型号、规格的滑轮，俗称"葫芦"，一般由作坊专业制作。

生活资料的准备

兵马未动，粮草先行。一旦开工，木匠、铁匠、船工，每天都有几十人吃饭，所以油、米、酱、醋、柴等生活资料也是必备之物。

开工钉船

开木

领作师傅选取一根6丈（20米）以上长的杉木，弹线开木。杉木斜架在两根木头交叉搭成的木马上。开木工具为大锯，两名木工一上一下推拉大锯将杉木开成板材。拉大锯为钉船主要体力活，一般由年轻力壮的徒工进行，此为钉船木工的基本功。钉船木工学徒第一年，基本上都是拉大锯，第二年才轮到学牵钻。渔船每根木料之间全靠铁钉联结，钉

造渔船　　沈启鹏/摄

铁钉之前需先钻钉眼，因此，牵钻也是钉船木工的基本功之一。钉船木工钻身要长出普通木工钻几倍以上，钻索以韧实的牛皮制成。

摆底

钉船程序中的第一步是摆底。首先做好木马（三排坚固的木凳），调整好木马的水平位置，中码略低于两头码凳约8厘米，杉木经开木成为板材后铺在码凳上，厚度为12厘米，长度为18米，位置居纵向中线，这就是第一根底龙筋，它的中线就是船的纵向轴线。以此类推，在第一根底龙筋的两侧各铺设两根，一般为五条底龙筋，最少为三条，多则可铺设七条。龙筋与龙筋之间用铁镶钉联结成整体。这就是船的底龙筋。在底龙筋的两侧镶上8厘米厚的通长的杉木板（长度18米），注意下平面与底龙筋一致，龙筋厚出部分凸现在上平面，这就是船底板。龙筋、底板镶成一块整体就是船底：长18米，中间宽3米，前宽（船头）2.7米，后宽（船艄）2.8米。此尺寸钉成的船的吨位约为65吨。船底尺度决定船的吨位。

上隔舱板、靠帮走

海船共分十个船舱。隔舱板为九道，其中桅舱的两道隔舱板的位置确定非常重要，因为桅舱的后隔舱板（靠近船艄一端的隔舱板）的中心位置就是该船大桅的位置；桅舱的前隔舱板（靠近船头一端的隔舱板）位置的确定以不影响立桅杆和放桅杆时的操作为宜，故这两道隔舱板之间的尺度要放大。隔舱板的下部与船底用钉联结，两头与靠帮走联结，靠帮走的下端与船底联结，其他部分与隔舱板端头联结。隔舱板的两端做成船的横剖面形状。隔舱板用杉木，板厚略薄于船底厚度，靠帮走用硬性杂木，顺其自然弯势做成船的横剖面形状，与隔舱板的端头吻合一致，并用铁钉联结成整体。以船纵向轴线为中线，隔舱板两侧对称。

上绞板、上大镴

用8厘米厚的杉木板，顺次钉在隔舱板的端头和靠帮走上，在绞板与船底板之间用参钉联结牢固，绞板与绞板之间用镶钉联结。

修渔船

大镴用条杉木，全长到头中间不能岔接，长度要求达到25米至26米，加工成蛇肚形，中间粗，两头较细，木梢朝向船艄，通过木架与绷绳“做翘拿势”，把大镴做成既有弧形，又有两头受拢而起翘，船艄部位的翘势大于船头部位的翘势。船两侧共上六条大镴，每侧三条，相对称于船的中轴线。此时，大镴自身的轴线是一条三维曲线，它在平面上的投影是双曲线，而在立面上的投影是抛物线。大镴钉在靠帮走和隔舱板的端头，用大贯钉钉得非常牢固。大镴的尾稍直，伸延到挑庭两侧。大镴的翘势决定了船形的翘势，大镴木料的粗细影响到船的排水量（吨位），所以上大镴是一道十分重要的工序。

上角走、横板、船肋

为了船的结构坚固，在船的四角上用角走，角走用硬性杂木，顺其自然弯势加工做成。角走的形状就是船四角的形状，左右对称。绞板、大镴与横板的结合是通过角走来完成的。

横板就是船头和船艄部位横向的船板，用杉木板，板厚8厘米至10厘米，船头横板的长度等于船头宽，船艄横板的长度等于船艄宽。横板与横板之间用镶钉联结，横板的两端用爬头钉，钉在角走、绞板端头和大镴上。

为了使船结构坚固，在隔舱板之间加设船肋，共28道船肋，每侧14道，船肋用硬性杂木顺其自然弯势加工而成，成形后的船肋紧贴船底、绞板和大镴，并用钉固定。

上扁肩、止口梁

扁肩是覆盖在最上层大镴上面的杉木板，船两侧扁肩对称，用钉钉在大镴上。板厚10厘米，从船头到船艄。止口梁是两根通长杉木元条，根头朝向船艄，木梢朝向船头，钉在九道隔舱板的上头。两止口梁之间的距离就是舱口的宽度，中间部分距离较宽，约1.8米，两头约1.6米，前端钉在船头横板上，后艄钉在船艄的横板上。止口梁与扁肩之间是舱顶板，用8厘米的杉木板钉在船隔舱板的上面，相互之间镶钉联结。

止口梁是船体纵向上骨架，底龙筋是船体纵向下骨架，大镴是船体纵向的侧骨架。九道隔舱板和船头横板、船艄横板，再加上靠帮走，四角的角走及船肋，构成船体的横向骨架。纵向与横向经钉牢形成了船的基本结构。

上楣梁

楣梁是横在止口梁上方、用大贯钉钉在止口梁上的横梁。用硬性杂木做成，合计十道，其中大桅楣梁、头桅楣梁的中点就是大桅和头桅安装的位置，航行时的帆力就是通过楣梁传给船体的，所以这两道楣梁的选材很重要，尺度要大。安盘车的楣梁是起锚时的着力点，也必须特选，尺度也要大。楣梁上好后，船的十个舱门就自然分成了，因为其中九道楣梁的位置必须是在隔舱板的上方，最后一道在后横板的上方。从船头向船艄十个舱的名称依次是：浪头、包头、井子（装淡水的舱）、桅舱、一舱、二舱、三舱、四舱、下翘、上翘。

船的其他部位

船帮：船体的扁肩向上部位为船帮，左右两道船帮对称。用杉木板做成，它固定在楣梁的顶端和船的四个角柱上。船帮的上口叫两龙，用杉原木做成，船帮前头与船头平齐，两龙的前头做成伸出船头前方的角，称羊角。两龙的后艄高度与角艄一致。船帮的中间部位高出舱面30厘米，船头部高出50厘米，船艄部高出70厘米。在船帮与扁肩结合部位每隔2米开一道直径为8厘米的半圆形眼，叫淌眼，作用是船上的雨水或海浪打上船的海水能及时经淌眼排出，也就是排水孔。船帮的作用一是防海浪，二是起到栏杆的安全作用。船帮好比人的外衣，船帮得体，船形就漂亮美观。

船肩头：肩头就是船头最上部的横木，锚就架在肩头上。抛锚、起锚时锚掣、缆绳都要经过肩头磨来磨去。抛锚后船随海浪、潮涌晃动，锚掣、缆绳时松时紧的压力、拉力都由肩头承受，特别是起大锚时，船工推动盘车绞缆绳，其压力都在肩头上，因此对肩头的材料要求很高，要具备韧性、刚性和耐磨性，最好是桑木。

管舱：船舱门外侧到船帮之间的倾斜形的空间叫管舱。为了方便船员工作，必须把倾斜形管舱的上方铺平，所使用的木板叫管舱板（甲板），管舱板厚6厘米，两头担在相邻的两条楣梁上，为纵向铺板，活动式，不用钉钉。管舱的艄端挑庭楣梁下面船两侧的窄小空间叫兔子窝。

挑庭和角艄：挑庭位于船艄部位，两船帮之间用纵向木板铺成，是用于安装绞关升降船舵操作的平台。船的厕所也安置在左边一角上。

角艄是由两根原木固定在船帮的两龙上，伸出艄后，顺着船的翘势和拢势，约长2.8米，铺上木板（木板为横方向）。两根原木由八角铁制拳形钉固定在两龙的梢部，八角铁制钉俗称猴儿拳头。角艄主要是为了操作艄篷而做的平台。另外角艄使船形美观，头高艄翘。

屏机、水沟、管舱板：渔船为了适应风浪潮涌的海洋环境，船体必须做成全封闭式才能确保安全。船的十个舱的舱门全部朝上方。盖舱门的板叫屏机（内河船叫璜板）。屏机用6厘米的杉木板用镶钉连接，两头用爬头钉钉上木条，屏机盖在舱口上，木条正好卡住舱口两侧。屏机板与屏机板之间下方安置一条凹形条木，叫水沟。下雨的雨水、打上屏机的海浪的海水，都顺着屏机和水沟流出，再通过淌眼流下海，全封闭的船体内部确保滴水不进。

造渔船　　　沈启鹏/摄

捻缝（嵌缝）

本港人把嵌缝称作捻缝。木船是由纵向、横向木板钉钉结合起来的，木板与木板之间做得再细致总是有缝隙存在，既然有缝隙就会漏水。捻缝就是为了防止渗漏而采取的措施。船是全封闭的，因此船体的基本部位船底、船绞板、大镴、船头和船艄的横板、止口梁与扁肩之间的舱顶板、浪头舱顶板、隔舱板、屏机板等船体的周身都要捻缝。只有管舱板、船帮板、挑庭板、角艄板不需要捻缝。捻缝分两步进行，先由外部向内部捻缝，再由内部向外部捻缝，称作复缝，因此每条缝都要由内外两个方向捻两遍。

捻缝的材料是石灰、桐油和麻丝。石灰是熟石灰经过风化后形成的白灰，俗称“洋灰”。经过过筛，筛去石灰的硬粒，只用粉末。在粉末中洒水和适当的桐油后进行拌和，放入石臼中反复捶打，直到打成面团状。然后加入桐油调和成油膏，把油膏均匀地拌和到麻丝中，做成麻饼。为了使油膏充分进入麻饼，对麻饼进行再次捶打，然后木匠用钝凿嵌入木缝中。为了使麻饼嵌入木缝的深处，木匠在嵌缝时用斧头不停地用力捶打钝凿的柄。捻缝阶段，木匠要进行排斧，此为本港钉船捻缝特色。排斧由领作师傅安排，并提前通知船主。一般安排在下午三四点钟。排斧并非故意作秀，而是具体的工作操作，其任务是要完成捻一条长缝的工作量。每个参加排斧的木匠各自负责一段，十几个木匠全部在一条线上。领作师傅用斧头敲击捻凿柄，声音由低到高，节奏由慢到快，力度由弱到强；其他十几个木匠根据领作师傅的节奏点，在同条船缝上一致敲击捻凿柄。领作师傅就是这场演奏的总指挥（通过声音节奏变化指挥），乐器就是一艘几十吨的大木船，十个船舱发出共鸣，十几个木匠就是敲击手，他们通过手中斧头敲击力度强弱、敲击时间间隔快慢等节奏变化，使木船的震动、船舱的共鸣，组成了一首独一无二、扣人心弦的优美敲击乐，直到各人捻完自己的一段缝，全体捻完一条长缝，领作师傅一斧定音刹板，完成排斧，一般需15分钟。排斧是南黄海渔港独创的渔船文化。它是生产工作的捻缝过程，不是故意作秀；乐器就是渔船，这是世界上最大的乐器；十几个人共同敲击同一件乐器（渔船），这在世界上也是绝无仅有的；音响节奏是独一无二的。排斧时，本港的居民听到排斧声都赶来看热闹，听排斧的优美敲击乐，看木匠精彩的技艺表演。当天晚上船主置办酒席，招待全体钉船工匠。经过捻缝后，船体真正成了针插不进、水泼不进的全封闭空间。船的十个舱的隔舱板经过捻缝后互不渗水，成为十个各自独立的空间，这也是确保安全的必需措施。十个船舱中如其中的一个舱、两个舱损伤，进水了，其他各舱仍然能安然无恙，保证安全航行，进港修理。

渔船的十二生肖

人有十二生肖，渔船也有十二生肖。船的十二生肖是在对船体部位和船属工具的称呼上：子鼠——老鼠尾子，捉掣（锚缆尾部）由粗到细，形似老鼠的尾巴。丑牛——牛鼻子，捉掣头部的绳扣，长圆形，形似牛鼻子。寅虎——太平斧，取虎的谐音（本港人虎与斧的发音不分），船用大斧头。卯兔——兔窝，在船艄楣梁下部与管舱艄端交接的左右两侧窄小的空间。辰龙——龙骨，船底中部纵向的条木，每船有三到七根不等。巳蛇——蛇肚子，缆绳穿过锚圈的部位，为防止锚圈磨损缆绳而特地用细绳缠绕加粗，形似蛇的肚子。午马——马口，船用开口滑轮，开口的形状似马的嘴，叫马口。未羊——羊角，船头两侧船帮上部伸出部分，形似羊的两只角，叫羊角。申猴——猴儿拳头，船艄部两侧帮上固定角艄伸出木的两个铁拳头，形似猴的拳头。酉鸡——鸡眼，在船头肩头下面的横板上，刻了船的两只眼睛，形似鸡的眼睛，叫鸡眼。戌犬——狗食盆，船桅下端插入的凹槽叫狗食盆。亥猪——船止口梁前端拱起的部分，形似猪的嘴巴。

取船名

南黄海本港的船名千奇百怪，褒贬俱全。

以船主姓氏取名，如大于家船、细于家船、大孟家船、细孟家船、董家船、宫家船、冯家船、夏家船、周家船等。

以船主的出身职业而取名，如虾米缸——船主通过加工和贩卖虾米赚钱起家钉船。两纲方——船主原先是张方的渔民，而且是张两纲方起家的。货郎鼓——船主原先是挑货郎担子、摇货郎鼓做小贩起家的。箍桶匠——船主原先是箍桶的木匠。豆腐渣——做豆腐出身。砟（剁）肉刀——卖肉出身。饼食担子——挑担子卖饼起家。料筒子——猪牛羊的血可用于血浆渔网，称为血料，船主原先是卖血料的出身。磨坊——船主开过磨坊。称钩子——开过八鲜行。老牛鞭子——养水牛的。大榔头——开过铁匠铺。

以褒义取名：金元宝、大同心、二同心、八碗菜、跑得快、大同泰等。

一般中性取名：两头晃、大虾、草堆子、紫果汤、咸菜瓢、棚子船、蒲草鞋、茅窝、三合厢等。

上述几类取名还算可以，这些船主起码要具备三条：一是在周围老百姓中口碑要好，二是家庭成员没有疤麻破相，三是千万不能得罪钉船匠人，招待要好。

船主的家属成员形象很重要。船主的女儿个性强，船名就叫丫头王。钉船期间，老板娘怀孕，船名就叫大肚子。老板娘脸上有麻子，船名就叫麻饼。

贬义取名：浮高——船主做事经常失头忘尾。顾大话——顾性船主，喜欢言过其实，说大话，说过头话得名。奶奶怪——老板奶奶爱打扮而得名。剥壳糙——钉船时木匠吃的米，没有臼熟，是糙米，由此得名。八张嘴——船主能说会道而得名。烂眼窝——船主的眼睛有毛病。船主招待匠人不好，老板娘老用咸菜给匠人作早饭，就给你取名咸菜盆。老板娘用小杂鱼给匠人作中饭菜，就给你取名鳑鱼。钉船期间，老板娘特别难做人，一举一动都要小心注意，最好不要被匠人看到。有条船叫拔塞子，就是因为油瓶塞子太紧，老板娘请木作师傅帮忙拔塞子而取的。有条船名很难听，竟然叫作鬼屄儿，起因就是老板娘小气，匠人吃得很差。这条船在合作化之前曾先后转手几个船主，但船名一直改不过来。

还有以船形命名的，例如某船主有艘船，船形头部较其他船稍大而宽，因此命名叫癞宝头。某船主从宁波买来一艘船，船头两侧有两只大眼睛，形似鸟的眼，故名鸟儿。

船名大部分是钉船的木匠取的，所以在钉船时船主对木匠十分恭维，一旦取名叫开，就成了铁板钉钉，想改名是做不到的。有些贬义的船名船主也想改，施展浑身的解数也没有用，尽管船主给自己的船取一个好听的船名、吉祥的船名，但公众不认账，仍叫原来的船名。船名一叫开，就成终身制，易主不易名。夏家船是一仓的夏姓老板钉的，后来夏家把船卖给了施家，船主变更了，应该叫“施家船”了，但是大家仍然叫夏家船。陈家从洋东买回一艘船，名叫两头晃， 船航到弶港，船名也跟着来到弶港，仍叫两头晃。1958年人民公社化，这些船都成了公社的财产。公社给每条船都编上了号“苏××渔××××号”。为了防止所谓资本主义复辟，不允许叫船名，一律叫编号，但是仍然行不通，社员仍旧叫船名。船号只是记在罗簿上，派出所报进出港时用。确实很奇怪，船名为什么这样顽固。直到船本身被自然淘汰，船名也跟着消失了。

油船

油船就是用桐油对船体的内外全方位进行上油。上油时第一遍要用油把子在木面上狠狠地擦，使桐油渗入木质内部，不可抹太多，要涂得均匀，否则太阳一晒起癞疤。待风吹干后再进行第二遍上油。第一遍和第二遍用足度油。油后不能淋雨，只能吹风。这叫风干桐油雨干漆。第三遍用洪江油，只油船的外部。桐油是木船的保护剂，它能防腐、防燥裂和防水浸。木船每隔两三年都应该进行油船养护。经上油的木船很漂亮，深红色里透亮。

船属设备

船舵

船舵由舵扇、舵管、舵拨、舵晓和舵的升降绞关组成。舵是控制航行方向的重要设备。舵扇是在具有韧性的杂木板中间贯入铁筋，连接而成。为确保舵的坚固耐用，在舵扇的边缘包上薄型铁板。舵管用料很考究，最好使用桑木，舵管与舵扇的结合除用贯钉相连外，再用条形铁板抱在舵管上，两头用钉钉在舵扇上。在舵扇与舵管结合部的扇页上方开一个孔，叫舵眼。舵眼套在舵拨上，舵就定位了。在舵眼的上方安上定滑轮，穿上绳子系在舵上方的交轴上，以便于船舵的升降。舵管的形状上粗下细，上圆下扁，在舵管的上端开一个方眼，方眼的上下用两道铁箍箍紧。航行时舵晓就插在这眼里。所谓舵晓，就是一根长木棍子，一端做成方形，略比方眼小，一端钉上两个小木桩，套上绳子，连动滑轮。航行时船老大就抓住舵晓的一端和绳子，推动舵晓和拉紧绳子就转动了舵管，从而控制舵扇的方向而改变航行的方向。舵拨由韧性杂木做成，用绳子绑在船后横板的八个铁拳头上（每侧4个），其作用是使船舵定位，又可以让船舵在老大的控制下可以自由转动。绞轴安装在舵上方的挑庭上，用一根大杂木做成。绳子一头固定在绞轴上，另一头穿过舵眼上的滑轮后也固定在绞轴上。由于航行时水的深浅和船本身装载的吨位，对船舵的入水深度有不同的要求，也就是说船舵有升（高）有降（低），绞轴是用来升降船舵的杠杆。

舢板和大橹

海船从事春汛取黄花鱼的大生产，就必须配有舢板。舢板是用杉木钉起来的长方形小船，它不是封闭的，而是开口的，也要经过捻缝的工序。大橹是由橹扇和橹把两部分组成，由具韧性的杂木做成。橹扇是长梯形小扇面，橹把是圆柱形的。橹把和橹扇的结合部位由四道铁箍箍起来，并做成向下的弯势。通过人力摇动大橹推动舢板前进。

小舢板　　沈启鹏/摄

修舢板　　沈启鹏/摄

铁锚、锚撬、锚掣和盘车

海船在近海小取作业，只要配备头锚和艄锚就可以了。但春汛大生产取黄花鱼时，还要配备大锚、二锚和提锚以及锚撬。各种铁锚的外形雷同，都是四个锚齿，一根带圈的锚挺，但它们的重量各不相同，大锚足有一千几百斤，二锚也有几百斤。大生产要使船和网在潮流、浪涌的海洋中定位必须抛大锚，为了防止跑锚，在大锚的四个锚齿上套上锚撬。锚撬由2~3厘米厚的铁板做成，长约60厘米，形为一头宽、一头窄的六角扇形。扇形的宽头约25厘米，窄头约15厘米。在窄头扇面上做上两圈铁环，把铁环套在大锚齿上。

锚掣就是很粗的缆绳。大约直径有10~15厘米粗，长约100多米，是把拉麻用绞车绞成。锚掣的一头穿过锚圈，沿着锚挺通过锚叉又转过来回到锚挺上，再用绳子固定在锚挺上，并在锚掣穿过锚圈的部分用细绳子缠绕成大肚子。其形似蛇的肚子，叫蛇肚子，作用是防止锚圈磨损锚掣。抛锚：海船在海洋中作业需要定位就得抛锚。抛锚的工作由船头负责，用撬杠把铁锚从船肩上抛下大海，铁锚拉着锚掣沉入海底。根据海水的深度、潮流及风向给锚掣足够的长度后，用捉掣缠绕住锚掣，固定在船的头道楣梁上，使船定位。

海船

20世纪七八十年代的渔船　沈启鹏/速写

盘车：大锚抛在海里，连同碗口粗的锚掣有一吨多重，要想把这么笨重的锚起水上船，不是件轻而易举的事情。盘车就是用来起锚的设备，它的基座安在船的前三舱与四舱之间的楣梁上。基座中心为一根钢制轴，直径约为5厘米，轴上套一可推着转的圆盘，圆盘上方开6个眼，下方设6个倒脚，确保只能逆时针推着转而不能反转，其目的是防止锚的重量大，盘车反转伤人。起锚时，6个人用6支木杠插进圆盘的6个孔中推着盘车逆时针方向转，用一根绳子一头绕在锚掣上，一头绕在盘车上。6个人推动盘车把锚掣渐渐地盘回船上。船逐渐地移动到锚位的上方。由于锚齿陷入海底土中，单凭盘车绞力是拉不动的。此时，只有继续推动盘车，拉动绳掣，给船头加压。随着盘车的转动，船头明显降低，由于船本身的浮力，要保持平衡，船头自然上抬，一下就把吨把重的大锚从土中拔起，悬挂在船头下方。然后继续推动盘车直到把大锚绞上船，架在船肩上。

撬板、水箱

撬板：就是装在船两侧的翅膀，由杂木板贯钉镶成，长2.6米至2.8米，宽0.8米至1.2米，板厚约4厘米，扇形，在小扇头开眼叫板眼，板眼套在板轴上，板轴用绳子固定在大桅楣梁上。航行时为了利用潮流力，在船下风下板，使船能有效地爬弶。下板时只要把扣在大扇头上方的绳子一松就行。如果要起板，也拉这同一根绳，把板扇抽出水面就行了。这根绳子的名称就叫板尾子。

水箱：船的十个舱中，虽然备有一个井子舱专门装淡水用，但只有海船较长期航行不进港时才使用井子舱装淡水，每个汛都进港的近海作业，淡水并不装在船舱中，而是装在一只大水箱中。水箱是由杉木箍起来的，为椭圆体，下大上小，高约1.2米，椭圆的长半径约1.2米，短半径约80厘米，上端为半开口，并加盖。装满时能装一吨多的淡水。水箱安放在下翘舱（烧饭专用舱）后的上方。

桅杆、篷帆

桅杆和篷帆是海船航行唯一的动力来源。航速的快慢在一定程度上也取决于篷帆和桅杆的配置是否合理。选购桅杆木很重要。要求挺直而有尾力的条木，木质要具有韧性和弹性。一般情况下选用云杉。四道桅的海船配置最为合理。

大桅胸径要达到50厘米，长度26米，大桅安装在桅舱与一舱之间的梋梁中线上。该道梋梁称为大桅梋梁。在大桅梋梁中线上开一道宽为58厘米的凹形口，凹形口的方向朝向船头。在凹形口的下方底龙筋上做一个长58厘米、宽46厘米、深10厘米的长方形槽，固定在底龙筋上。此槽名叫狗食盆，大桅的下端插入此槽，并做两块夹樯板，材料用具韧性的杂木：高3.5米，宽46厘米，厚6厘米，夹樯板抱住桅杆的基部左右两侧，下端同样插入此槽。

海船

头桅安装在包头舱与浪头舱之间的梋梁中线上，此道梋梁称作头桅梋梁。按照大桅的做法做凹形口、狗食盆和夹樯板，但尺度小得多。艄桅安装在挑庭与角艄之间的横梁中线；转向桅安装在船头内侧2米处的橹后船帮上。按上述要求做好狗食盆和夹樯板。

立桅杆本港人叫作竖桅。竖桅先竖头桅，因为头桅较小、较轻，容易竖。先把头桅的两块夹板卡进头桅楣梁的凹口两侧，再把头桅夹在两块夹樯板的中间，用千斤拨动头桅的下端使它卧槽进狗食盆。头桅的前倾角为20度左右。

竖大桅是一项很重要的工作，因为大桅又粗又长又笨重。竖大桅时由船老大亲自指挥全船员工通力协作。首先凭借已竖好的头桅作为吊杆，把大桅吊悬空，再配合绳拉篙顶使其就位，夹进已安装好的两块大桅夹樯板中，大桅下端用千斤拨动使其进入狗食盆，这样大桅就竖起来了。大桅竖好了，再竖艄桅和转弶桅就显得很简单了。

制篷帆。篷帆由篷片、篷网、篷档、子档和篷甲绳等部分组成。篷的制作过程是很讲究的。篷片是用家织的大白布经手工针线纵向缝制而成，篷帆的大小由桅杆的高度决定。一般大帆长10米，宽18.5~21米，上斜下方。在篷片的四周边缘包上一根细绳，用手工针线缝合。在篷片的边上，再加道细绳，每30厘米用针线与包在布内的细绳连接一点，直到篷的四周都绞连一遍，这道工序叫上篷网。在篷片上每隔50厘米绞上一排扣（扣子为约18厘米长的细绳子两头绞到篷片上）。从上到下排扣要求横直，共36道扣。这些扣是装篷时穿篷档用的，叫作“定幅扣”或“篷档扣”。

篷帆的“软件”做好后，要进行栲篷帆。栲篷的材料叫栲。栲即栲树皮，栲树为常绿乔木，树皮富含单宁，可提取栲树胶。有粗而厚的大栲和薄而细的小栲之分，其颜色为棕红色。这两个品种的栲都可以用。必须先把栲放到石臼里捣成碎粒，把碎粒加足水放到大锅中烧煮，直到把栲中的汁煮出来后捞去栲渣，然后再把篷帆放入大锅中浸泡，要求全部浸透在栲汤中，继续烧煮加温至烧开。像染布一样，此时篷帆已不是白色而是咖啡色。再把篷帆摊晒到大场子上晒干，洒上食用油，最好使用豆油。这道工序叫栲篷。海船的篷都经过这道工序（内河船的篷帆一般不用这道工序，所以是白色的），栲过的篷经久耐用，雨水淋湿后容易干，而且防腐性好，也很美观和漂亮。

装篷。篷帆的展开是用篷档撑起的。篷档是由竹子做的，如果竹子不挺直，就得把竹子弯的部分先用水浸湿再用火烤，用力扳直。篷档的长度与篷片的宽度相等。由于篷形是上斜下方，故篷档的长度是不等的，用在上方比用在下方的要逐根长一点。在篷档的两头打眼，把篷档穿入篷片的定幅扣，篷档的两端用细绳子穿入眼内系到篷网上固定。依此类推，把所有篷档全部扣好。然后在篷的长边一侧篷档端头系上细绳子，每档都要系上绳子，这些细绳子叫篷甲绳。这些甲绳穿入滑轮一头的小眼中，有七个眼能控制十四根篷档的调节，滑轮的名称叫七星滑轮。只有五个眼的滑轮，能控制十根篷档的调节，滑轮称五星滑轮。篷甲绳由七眼和五眼滑轮根据航行需要进行方向和松紧的调节。

老渔民与船　沈启鹏/摄

篷帆抱到桅杆上是依靠子档来完成的。子档是由竹子做的，子档的长度是1.8~2.0米，先把竹子浸水，再用火烤加温，把竹子的一头做成半弧形。在竹子的两头打好眼，穿上细绳子，在篷的短边一侧，把桅杆夹在篷档和子档之间，然后再把子档两头的细绳子系到篷档上。依照此法每根篷档都要配上一根子档，篷帆就全部抱在桅杆上。

在篷帆的上方和桅杆的顶端分别扣上定滑轮和动滑轮，穿上绳索，人工牵引绳索，篷帆就沿着桅杆升降。因为桅杆被篷档和子档抱在中间，篷档和子档都是竹子做的，桅杆是木质的，两者之间容易滑动。把篷帆靠人力牵引上升叫牵篷，篷帆沿桅杆徐徐下降叫小篷。船工牵篷时有专门的牵篷号子。

篷帆上好，一条新船就等着春潮扬帆出海了。

第二章 春 汛

南黄海捕鱼期分为春、夏、冬三汛。春汛以捕捞小黄鱼为主，夏汛捕捞鳓鱼、涞鱼、鲳鳊、黄鲷、马鲛等，冬汛捕捞带鱼。春汛是全年的黄金生产时期。春季和初夏的海洋捕捞产量约占全年产量的80%以上。因此，较大的渔船均以春汛捕捞小黄鱼为全年的生产重点。早年春汛俗称“洋市”，新中国成立后改称春汛。春节刚过，沿海各港口春汛生产的准备工作就有序展开了。

春汛准备

网具

渔网是渔业生产最基本的工具。无论是远洋大生产所用的张网，还是近海小取生产所用的弶网、大方、阻网，渔网的基本原料都是苎麻。苎麻除本地农民少量种植外，大部分由行商从外地采购贩卖。苎麻加工由渔村妇女完成。先把苎麻划成麻丝，手工把一根根的麻丝绞成麻纱，叫“结麻”，再把麻纱绞成麻线，叫“打线”。打线所用的工具叫线车。再用麻线结成各种渔网。各种不同的渔网对麻线粗细的要求不同。

春汛生产是为了捕小黄鱼。小黄鱼又名黄花鱼，本港人俗称春鱼。黄花鱼名称的来源应与清明节前后遍地菜花黄有关。因此一过清明节就开船捕黄花鱼了。叫它小黄鱼，因为它的形状像大黄鱼，但个头比大黄鱼小。但它不是我们现在市场上看到的那种所谓小黄鱼，它比现在市场上的小黄鱼大到十几倍，每条重约200~300克，而现在的小黄鱼只有30克左右。本港人叫它春鱼，是因为这种鱼只有春天才能捕到，其他季节无法捕捞。

海子牛车　沈启鹏/摄

启东吕泗渔场历史上以盛产小黄鱼（黄花鱼）、大黄鱼闻名。小黄鱼季节性很强。每年清明节起，吕泗渔场开始密集小黄鱼，条重都在半斤以上，多数达八两左右，体肥味美，腹中有卵。这些小黄鱼是洄游到吕泗渔场产卵的。夏汛捕的小黄鱼很少有卵。而且立夏之后三天，吕泗渔场小黄鱼便基本退光，不见踪影。这样的小黄鱼洄游规律一直延续到20世纪60年代初。后来由于其他省市渔船来吕泗渔场集中滥捕和海洋气候等其他原因，改变了小黄鱼洄游规律，鱼群在吕泗渔场及整个南黄海绝迹。

捕黄花鱼的网叫张网，这种网属大型网具。网口张开宽约6米，长约10米，最大的网口为1400目，最小的为1200目（目即网眼）。网长约20~30米，最长达40~50米，从网门到网梢成长三角形。口门大，网的眼也大，但向网梢部分逐渐缩小。一口网重约100~150千克。张网的编结程序是从网的口门开始逐渐向网梢结。每隔6梆要杀梆，即收缩网眼。结网用两种工具，一是网梭子，用竹子雕刻而成，七八寸长，五六分宽，一头尖圆，一头刻出三角形缺口，是绕线穿网眼用的；二是梆子，是用毛竹削成的长方形竹片，套在网眼上结网，这样结成的网眼规格一致，美观整齐。结网的一周圈为一梆网，每结两梆网为一个网元眼，六梆网就是三个网元眼，到第七梆网开始每结30个眼就要并拢掉一个网元眼（把两个网眼合并成一个），叫作杀眼，杀眼的这一梆网叫作杀梆。按照这个方法结网，网眼越来越少，同时所使用的结网梆子的宽度也逐渐削窄，所结出的网眼也越来越小。这样结完的张网就会结成口门大，网眼大，梢部小，网眼小的喇叭形渔网。

补渔网　　沈启鹏/速写

网结好后还要装网纲和网筋。装网纲就是用一根直径1厘米的细麻绳穿入网口门的第一排网眼中，这是网的内纲绳。再用一根1.5厘米直径的纲麻绳顺延并拢内纲绳，每隔40厘米扎上一道线，这是网的外纲绳。把内、外两道纲绳沿网口门扎上一圈，称为装网纲。网筋就是顺着网从网口门开始纵向到网的梢袋部分，用细绳子绞扎到网眼上，约10道筋。装了网纲和网筋的张网形成了整体，相当牢实。因张网在海水中网口要成长方形，故在网纲上分上下左右四角，上下为高度，称“站水”，左右为宽度，称“盖水”。从网纲四角至网梢分别用四根直径小于网纲的麻绳连在网目上形成四根网筋，一口完整的张网就基本成形了。张网的配件还有夹头和浮鼓。夹头就是撑开网口用的粗竹子或木头，直径约12厘米，长8~10米。浮鼓是使网的上纲浮在水面不使下沉的设施，由杉木箍成，形状像鼓，本港人叫作“胖鼓”。现代大都以塑料球为之，俗称“泡子”，20世纪60年代，曾用过一段时间真空玻璃球。

补渔网　　沈启鹏/摄

各种绳索、锚缆、锚掣

各种绳索、锚缆、锚掣原则上都是用新的。它们的制作由船工在船老大的指导下进行。比较细的绳索如牵篷用的，做甲绳用的等，用苎麻为原料制作；比较粗的缆绳和锚掣都是用拉麻制成。

锚掣的制作程序：先将拉麻绞成小股，然后上绞车把三小股绞成一大股，再把三大股绞成锚掣。锚掣的直径有10~15厘米粗，100多米长，几百斤重。其他的所有缆绳同时都要准备齐全。

船舶维修保养

大部分的渔船都是上年冬汛后就停港，经过了几个月风雨的剥蚀，在春汛开船前都要进行检查维修和保养，舢板也要进行维修养护，如嵌缝、油船等。维修保养工作由木匠完成。

补渔网　沈启鹏/摄

给渔船送补给　沈启鹏/摄

生活资料

每条船约有20名左右的船工，出海前要备足10天的粮食、淡水、伙草及油盐酱醋。

人员配备

每船聘请船老大一人，负责全船的指挥和驾驶，是全船的最高领导和权威。二老大一人，协助船老大工作的同时负责舢板的操作。船头两名，本港人俗称“渠头”，专司船头点水、抛锚、起锚和值更工作。开网两名，专司网具的装配、维修、调整和捕鱼时开网、起网作业。伙头一名，除参加全船的正常操作外，还要为全船员工做饭，船进港后负责看船。另外配备基本船工10~12名。工会组长由船员兼任，但船老大不得兼任。工会组长负责协调船主、船老大和船工之间的关系，在海员工会的统一领导下保护船工的合法权益。

出海途中　　沈启鹏/摄

开船出港

清明节前所有的准备工作必须全面完成，工具全部运送到船上。船上的桅杆要全部竖好，篷帆也要装配好，做到万事俱备。

准备出海　　沈启鹏/摄

清明节这一天全部放假，这是老祖宗定下的规矩。外地船工、船老大全部回去祭祖。第二天全船人员必须都回到船上，视清明节与潮汛日期的差异，所有从事春汛大生产的渔船最好是三潮水开船，特殊原因也不得超过四潮水。

开始涨潮了，停在涨水（以船为中心，面向涨潮方向的称为涨水，面向港梢称为落水）的船先起锚，停在开（以船为中心，面向深水称为开，面向港滩或浅水称为拢，渔船进港也称拢港）的船紧紧跟上，随后停在落水的船和停在拢的船也就接着开航。此时港里港外，百舸争流。盘锚的号子声，牵篷的号子声，船头的报水声此起彼伏，连绵不断。老大手握舵晓，船员各就各位，伴随着船老大的各项指令，船舶有序地航行划弶（调整航向），船工家属和船主站在港边环上（本港称港梢陡岸为环，岸上高坡称环上，岸下近水称环下）目送渔船扬帆出海。

帆船航行七面风，航行速度很快。如果遇到逆风怎么办？假如渔场在东南方，风又正好是东南风，帆船直接向东南方向航行是不可能的。如果停港等风转向又要误了鱼汛，是千万不能等的。那就先向东方航行，利用涨落潮的水流和洋流使船爬弶，航行一段后再改变舵向和帆向，使船向南方航行，就这样几个转弶，多航行一定的里程，海船照样到达渔场。海船用篷，3至4级风力时使用满帆航行，5至7级风力时使用头篷、大篷、地梢篷，8级以上风力时要适当减篷，10级以上风力就要投放“太平篮”阻水，以确保船只安全。

牛车运舢板

进入渔场后，船老大为了寻找密集的鱼群，把耳朵贴在舵管上听，根据黄花鱼的呱呱叫声来判断鱼群的情况，有经验的船老大判断是相当准确的。另外通过打话，从其他船收集信息供自己参考。

何时开网的决定权由船老大掌握。船老大下达开网的指令后，全体船员各就各位，船头忙着把锚撬套上大锚齿，用撬杠拨动锚铤，把大锚抛到海里使船定位，并测定海水深度，给足锚掣的长度；负责开网的理顺张网，上夹头和浮鼓，把网张开；二老大上舢板摇动大橹送提锚。在茫茫的大海中一叶舢板确实太渺小了，然而这可是二老大展现胆略、技巧和体力的平台。因为在海上没有风平浪静的时刻，无风三尺浪，二老大手握大橹，摇动舢板在大海上与风浪、潮涌、洋流搏击，把提锚送到远离大船几十米外的指定地点抛锚。在波涛汹涌的大海中如果力量不足或技巧不高，舢板这一叶小舟就会被涌潮卷走，再也别想回到大船上来。凡是当老大的都经过当二老大的锻炼考验后升级。

春汛

如在涨、落平潮俗称慢水时下网，相对比较容易，但在急流中突然发现密集鱼群时，必须立即下网，否则会失去全汛机遇，这时下网，如何做到准确无误，就全要靠船老大指挥正确了。船老大命令全体船员各就各位，做好下网准备，他自己一边把舵航行，一边根据水流、风向调整大船方位，看准大船与小船角度后立即命令："大锚抛！""小锚抛！"随着大、小两锚相继抛下，转眼之间，网具全部下水，水面上只有三只浮泡（两只门泡、一只梢袋泡）。急流中开网无法调整，万一网口开不正，就全盘失败，以至影响全汛产量。小黄鱼在吕泗渔场只有三个汛期，每汛只有七八天的水流可以生产，但在这七八天中往往会出现几天大风，有时一汛中只有两到三天可以生产，只要第一网，特别是在急流中开网失败，这一汛往往就完了。因此，船主除自任船老大以外，聘请船老大的要求很高，相应给予的报酬也比较高，一个船老大相当于10个船员，一船一般也只有13~16名船员。

春汛

开网后经一个涨水或一个落水，在漫水时起网，起网前观看网梢袋部分鱼包的大小就知道这一网可以捕多少鱼。拉动扣在网梢部分的绳索把鱼包拉到船边，船工在舢板上把鱼装在淘筐中，船上拉动淘筐，一筐筐鱼就拉到船上来了。船上利用大桅作吊杆，牵动绳索，一次能把上千斤的鱼包吊上船。张网属深水低层网具，小黄鱼属下层鱼，鱼群成长龙形，随着海水急流冲进网内。在旺潮汛，一个潮水网内可达万斤以上，多至数万斤。鱼群密集时一网就能装半船，两网就可以满载而归了。一般情况下，开三五次网也能装满船了。早年也曾出现过“一网重船”，即一网就能装满一船鱼的奇迹。由于船上没有冷冻设备，往往前期取到的鱼就用盐腌起来，腌成咸鱼，后期取的鱼是鲜鱼。

捕的鱼装满了船，起锚返航进港。如果捕的渔船上未能装满，到了下网潮水，也只好起锚进港。因为张网只能在大汛使用，大汛潮流流速快，能把网口张开，小汛潮流流速慢，是捕不到鱼的。

大汛八潮水、九潮水午后，一些船主就到港边环上向东方海面上眺望，盼望他们的船早日满载而归进港。他们的眼力很好，当东方海面上出现一个微小的篷花时，他们就能断定是哪家的船进港了，而且还能看出这艘船是满载还是半载。

渔船进港

行走滩涂接渔货　　沈启鹏/摄

渔船进港没有出港那么容易。因为出港时海面越来越宽，海水越来越深，而进港正好相反，港槽越来越窄，港里还有先前进港而停泊的其他船只，此时航行靠船头点水的准确性。点水杆子是用竹竿做成的，根据船的吨位大小和吃水的深浅用棕丝绑成几道圈，分别为一节水、一节半水和两节水。一节水为船舶满载时最浅安全吃水深度，如浅于一节水，船就要搁浅，高于一节水船就能畅通进港。进港时还要注意停泊船只的锚位。抛下的锚都设有锚样，锚在水下，锚样浮在水上，航行时必须避开锚，因为水比较浅，锚齿上方的水深尚不能满足航行的安全要求。万一触到锚齿，就出了安全事故，船会被锚齿套个洞，本港人称作上锚洞。所以进港时务必注意，万万不可粗心大意。选好泊位后抛锚、小篷、停船、升舵。本港的船舶进港后停泊互相都是散开的。没有几条船傍在一起的，互相之间最近也有20米以上。先进港的船停在落水，停在拢；后进港的停在涨水，停在开。船都进港后能连绵一公里以上。潮退后这些船都搁在沙滩上。

滩涂上的牛车

船进港后，船老大领着两个船工抬上一大筐鱼到船主家报喜（如果筐里的鱼装的是满筐，则表示船是满载而归的，大丰收；如果筐里的鱼是半筐，则表示半载）。船主拿出8条鱼放在家里圣柜上，鱼头一律朝西，上香叩头，燃放鞭炮敬菩萨。同时用茶点招待船老大和抬鱼的工人，然后将鱼分送给亲朋好友共同分享。

第二天一大早，船主就带着旅行皮包或藤箱，也有的土老板带条面袋子，准备装钞票用。本港渔村墩子到停船的港槽一般都有几里路，步行几刻钟也就到了。船主开票收款，船老大或工会组长称鱼收票，船工淘鱼出舱。

到了小汛，所有出海张网的渔船都进港了。几百条渔船同时开秤卖鱼，此时的南黄海各个港口真是繁荣至极。四面八方的人赶来渔港买鱼，从范公堤到港口数里长的海滩上，人来人往川流不息，形成了一来（买鱼的）一往（已买好鱼返回的）两条长龙。大多是肩挑的，也有用独轮木车推的，还有用牛车拉的。通过这些鱼贩子把鱼销往东台、海安、如皋、南通、泰州等地。一到傍晚，船主的皮箱、藤箱、布袋、旅行包都装满了钞票挑回家。船老大、船工都可以先行预付部分工钱。此时各种货郎担子：卖粮食的、卖布的、卖小吃的、马戏团、里下河徽戏班子、大台戏、唱道情的、说书的、算命打卦的，各色人等都聚合到港边渔村。南黄海沿海几乎所有港口均成了繁华一时的大集市。

春汛

到了谷雨汛头，渔船又忙着准备开船，牛车日夜不歇地给船上拉水、上粮、上草。到了三潮水、四潮水，渔船再次出海。张网船的春汛大生产只有三汛（清明汛、谷雨汛和立夏汛）。这三个汛期，每条船捕捞黄花鱼少的也有50~70吨，捕得多的能达100多吨。所谓“连伏三载”，即一条船三汛均满载而归。南黄海本港捕捞合计数量极大。

20世纪40年代南黄海沿海各港是苏中革命根据地，来港口买鱼的商贩一般都使用华中银行和江淮银行的纸币，也有用粮食或土白大布（家织布，可作篷帆用）来兑换的，也有使用银圆的，无论是龙洋、鹰洋、船洋、袁大头，还是有孙中山头像的银圆，只要是七钱二分重的，每块银圆可买15斤鱼。国民党及汪伪政权的储币、法币、金圆券等无人使用。50年代初，新中国第一套人民币发行以后一律使用人民币。

20世纪60年代，鱼价较低，条重半斤以上的小黄鱼只有8分钱一斤，相当于一斤杂粮的价格。

分拣　　沈启鹏/速写

立夏节后，大黄鱼开始旺发。特别是吕泗渔场“黄鱼槽”内，密集着大黄鱼群。捕捞大黄鱼用的网具和开网方式与捕捞小黄鱼相同。但早年捕捞大黄鱼的船只较少，主要因为当时气温已高，用盐腌制的大黄鱼无人问津。吕泗渔场大黄鱼资源一直延续到20世纪80年代。1977年，海安县海洋渔业公社有一条船曾在一汛中捕捞到10万斤大黄鱼。此时大黄鱼价格仅为一角七分钱一斤。新时期之后，随着渔船机械化发展、大洋网等先进网具的使用和捕捞船只的增加，20世纪80年代后期，吕泗渔场大黄鱼也基本绝迹。21世纪以来，野生大黄鱼价格飞涨，每斤已论千元计，真恍如隔世。

夏汛生产除捕捞大黄鱼以外，主要捕捞鳓鱼和鲳鱼、马鲛鱼。网具除张网外，有团网、摇网等。

团网专用于捕捞鳓鱼。鳓鱼形似长江鲥鱼，条鱼在1~3斤左右，鱼肉细嫩味美，历史上价格高于大、小黄鱼，资源量位于第三，仅次于大、小黄鱼。鳓鱼的鱼群不同于大、小黄鱼，它在水中成圆锥形，又是上层鱼，水面上发现一条，水下就是一大群，大至数十亩，小至一两亩，成旋转式移动。吕泗渔场鳓鱼旺发期从立夏节开始，汛期45天，与大黄鱼汛期相同。渔民根据鳓鱼鱼群特点，特制专用网具团网。团网用细麻线结成，形似裤袋。主网身两边结成数十米的网片，称为网脚。上网纲用毛竹段作浮泡，使网纲浮在水面上。下网纲用铅圈作网脚，使网身能在水内张开。团网船吨位不宜过大，30~40吨为宜，但要求航行性能好。在汛期中，吕泗渔场团网船一般不超过百艘。

团网船在渔场上多数时间是在航行中寻找鱼群，一旦发现鱼群，则必须紧追不放。以风为动力的木帆船追着不断移动的鱼群具有相当难度，全凭船老大航行技术，当然也要靠渔船本身的航行性能。在紧追鱼群时，船员已做好下网准备。当渔船处于适当位置时，船老大命令小船带着网脚离开大船。大船一边下网，一边绕着鱼群航行一圈，与小船会合。小船将网脚交给大船，大船船员分成两排快速拔网。如下网位置准确，一网可以捕到数千斤，多至万斤。

摇网除可捕捞鳓鱼外，还可以捕捞大黄鱼、鲳鱼。早年摇网以棉纱线结成，线径小，网目大，网身为片形，每片长约25米，宽约7米，结好后用桐油浸泡。

渔货过磅　沈启鹏/摄

摇网船吨位比团网船更小，均在20吨以下，最小的只有几吨。根据渔船吨位大小，用网片数量有多有少，最大的船可用数十片，最小的船只需十多片，片与片以网纲连在一起。摇网船不需要追赶鱼群，只要根据当时风向，在适合的渔场位置放网。摇网在水中长达千米以上，一端以毛竹泡为标志，一端网纲固定在船上，船随风向慢慢在海上拉着网身移动。网身慢慢移动中，鳓鱼、大黄鱼、马鲛鱼、鲳鱼在游动中碰上网片，即被网目扣住。下网数小时后，开始起网，船员一边拔网，一边从网目上将鱼取下。摇网船早年产量也很高，一个汛期少则几千斤，多则上万斤。

延续千年的南黄海渔业深水作业张网、团网、摇网在20世纪60年代与木帆船同时被机械动力船和先进网具淘汰，已成为历史的记忆。

南黄海传统深水作业除上述网具外，还有一种为数不多的专用于捕捞深水底层条鱼、鲨鱼等大型鱼类的生产方式——下洋钩。鱼钩以粗钢丝经过热处理制作而成，总长10厘米，钩嘴3厘米，特别坚硬、锋利。

鱼钩以�（一组）为单位，在一根长约26米、苎麻制成的、直径约为6毫米的纲绳上，分别以5寸长苎麻线（称为脚线）将鱼钩扣上。一根纲线上有鱼钩120把，即为一匡。洋钩下在海底，因此在每匡纲绳两端各扣上重约8千克的石块，纲绳上加扣5只用毛竹段做成的浮泡。

下洋钩属合伙作业，一般以8人组成，称之八份，每份4匡鱼钩，在夏、秋季合伙租船出海。渔场位置在蒋家沙北水深10~18米的海区。下钩时，以4人合用一只舢板船，每人将4匡钩连在一起，直线下进海里，每份钩两端各用一根毛竹为泡高，上端有小旗子，作为标志，下端用适当的石块扣上，使泡高既垂直于海中，又露出水面。

洋钩紧靠海底，因纲绳上有浮泡，使鱼钩立在海底，只

要有底层鱼从此经过，任你体重多重，都难以逃过，特别是体重数百斤的大鲨鱼，碰上一把钩后再也别想逃跑，它身子一动，周边立即就有数把钩钩上。

洋钩作业以小潮汛为主，24小时收钩一次，产量高时，一次能钩上20多条大鱼，一个小汛期，全船能捕到数千斤甚至万斤以上。随着大型鱼类资源的枯竭，下洋钩生产方式已被淘汰。

第三章 滩 涂

从响水陈家港到启东吕泗港，绵延200余公里海岸线外，为南黄海辐射型沙脊地貌潮间带，涨潮为海，退潮为涂，蕴藏着极为丰富的海产品资源，盛产各种贝类、鱼类、壳类、苔类生物。渔民以专用网具在滩涂潮间带进行渔业生产，称为小取。

滩涂自然保护区

滩涂小取是相对于深海渔场捕捞的大生产而言的。小取不是取小鱼，也能取大鱼，但其生产规模和产量远远低于大生产。小取生产的网具有弶网、阻网、张方、张簖子等。从事这些作业的船舶吨位也较小，一般为20~30吨的小船。

南黄海特有的牛车和海子牛　　沈启鹏/速写

弶网船专取鲳鳊、马鲛、大黄鱼、鳓鱼等；阻网船取浵鱼、黄鲴、鲈鱼、鲻鱼等；张方、张簏子专取鳑鱼、虾、蟹和其他杂鱼及苗龟(墨鱼)等。

张簏子

张簏子属滩涂小取生产中最苦最累的生产方式之一，俗话说“勤张簏子懒张方，小方挑在肩头上”，苦在全家人都要起五更睡半夜，整天忙于搓草绳、编簏子、挑簏子。张簏子必须先做簏子。南黄海沿海范公堤外与海潮线之间的海滩上，长满了茅草和芦柴，这两种材料既是造住房的好材料（20世纪50年代之前，南黄海沿海渔民住房90%是芦苇柴笆墙壁茅草顶草房，俗称草拍屋），也是做簏子的好材料。只要有点力气和时间，不花一个铜板就能做成一纲取鱼的簏子。

割茅子。本港人称嫩而长的茅草为茅子。农历七八月间茅草已长成，正是割茅子的季节，此时割下的茅子，柔性、韧性都比较好，抗拉性也强，立冬以后茅草老化了，各种性能就差了。编簏子所用的大量细草绳就是用茅子手搓而成的。在搓绳前先将茅子在水中浸湿，再用木榔头捶打，特别是茅子的根部和杆部，经捶打的茅子比较柔软，便于搓绳。

黄海滩涂紫菜

割芦柴。南黄海海滩所长芦苇，可用作柴火，故称芦柴。20世纪初，沿海各大盐场未改板晒生产方式，仍沿用千年来的煎盐生产方式时，滩涂芦柴便是最好的烧盐灶的草料。芦柴还可编成芦笆用作草屋墙壁和屋内隔障。此外，这种芦柴最适合的用途就是编簏子了。芦柴要等它长老了才能割，冬至过后是割芦柴的季节，特别是生长在咸水湿地的芦柴为上等品。本港人称它为铁管柴。它的管壁厚实，硬度强，有韧性，不易折断。割下茅子和芦柴都要及时晒干收藏，防止糜烂变质。

做簏子。先把芦柴顶端的芦花去掉，保留大约1.9~2.0米的长度。第一步先做簏片子，本港人称作簏皮子。就是用细草绳子把芦柴编成扇形的帘子，编的时候把芦柴的根头朝向扇形帘子的大面，而且编得稀一点。芦柴的梢部朝向扇面的窄面，编得密一点。扇形帘子的大面约3.6米，小面约1.2米。第二步，棚簏子。先把芦柴串开绞成两把细把子，再用细草绳子把两个细柴把子垂直于扇形大面夹在顶端。从A点开始夹口到B点；把柴把折90度夹口到C点，再折90度夹口到D点，再折向A点，DA=0.7米，正好又回到起步的A点为一周，这道工序叫夹簏子口。扇形接边的地方用细草绳绞合。这样，一个口为长方形（长1.1米，宽0.7米），尾部为圆形（直径0.35米）漏斗状的簏子就棚成了。为了防止簏子口门变形，沿簏子口门一周再用细竹竿或树的枝干加固一周。第三步，编摘笼和倒须。用芦柴和细草绳编成一个长形的漏斗状圆形的柴笼子（长1米，口直径略大于簏子的尾径约0.4米）。把芦苇柴压扁成柴片子，用柴片子编成一个形似清朝官帽的倒须，用细草绳绞合到柴笼子的中间，做成一个只能进不能出的摘笼。再把摘笼套在簏子的尾部，用绳子系上，一口完整的簏子就做成了。做好的簏子一只一只套在一起，约40口簏子为一纲。

人员组成。张簏子的船每船约20人，每人必须备一纲簏子，包括船老大也要有一纲簏子。由老大一人、船头两人、伙头一人及其他渔民组成（不配二老大和开网的）。行船时通力合作,由船老大负责指挥。水、草和粮食都是各人自己带来的。

张簏子。每年在春分季节就开始下簏子。下簏子前必须先确定张簏子的地点，本港叫土珩。土珩选得好，产量就高。各条船有各自的土珩，有时一个土珩由某条船连续使用好几年不变，按本港不成文的传统规矩，互不干扰，很少产生争土珩的纠纷。土珩地点确定后,首先开船到土珩打地扣。地扣就是用茅草绞成的粗草绳做成约0.7米长的绳扣。土珩是沙泥，近似流沙，人在地面用力晃动，沙泥就上下晃动，很有弹性。乘沙泥活动之际，把草绳扣的三分之二踩埋入沙泥中，一瞬间沙泥的水分渗透出来，就变得非常坚固，流沙变成了铁板沙，一个地扣就打成了。每口簏子一个地扣，40个地扣正好供一纲簏子使用。全船成员各人自己打自己使用的地扣。簏子口门的四个角系上绳子，再把这四根绳并拢合一系在地扣上，依此类推把所有簏子都系到地扣上，一纲簏子就张好了。

簏子的口门全都对着潮水涨来的方向，落潮时由于潮流的力量自然把簏子的口门调转180度对着落潮的方向。涨潮和落潮进入簏子口门的鱼、虾、蟹统统请君入瓮，进入摘笼的后部（摘笼的梢部用绳扎死），游回去有倒须挡住，只进不出。待落潮到水比较浅的时候，渔民们各自奔向自己的那纲簏子，把摘笼脱下来，解开梢部绳结，对准篮筐用力一提，所有的鱼、虾和蟹都进入篮筐。逐个地把一纲簏子的鱼货都取出来，这叫搰簏子。一纲簏子一个潮能取几百斤鱼货。同一条船上的渔民，各自簏子里的鱼货归各自所有，所以各人的鱼货有多有少，并不相等。但大自然是公平的，鱼货相差并不大。鱼货取出后随即再把摘笼的尾梢扎上，仍套到簏子的尾部。因为每天有日潮、夜潮两个潮，夜潮落水后再撂一次簏子。到日潮涨潮时船就趁潮势顺水进港。

接港

接渔货　　沈启鹏/摄

由滩涂土珩到港口一般不远，只有几十里，船又趁涨水潮势顺流而行，两个小时就足够了。这时各家接港的人都在港边环上等着。船到港后，把鱼货卸船，各自送到来接港的人手中，马不停蹄地回到船上，船趁落潮的水势又开航了，直奔土珩地，进入又一轮循环作业。接港的多为渔民家属，接到鱼货后，有挑的，有用小独轮车推的，各自把鱼货拿回自己的家，倒在场上进行分拣，鱼、虾、蟹各归其类，本港称作撵货。同时大声叫卖，特别是有些年轻的妇女有节奏有韵律的叫卖声不但十分悦耳动听，而且能传得很远，当然她的鱼货就卖得比别人快。

张方

张方与张簏子的程序基本相当，所不同的是，方是麻线结成的网，不是芦柴编的。方的口门比簏子大，长度比簏子长，方的梢袋近似簏子的摘笼。方的口门是用方竹撑起的。张方也打地扣。张簏子和张方都是大汛生产，小汛收港。每汛三潮水开船，下网潮水收港。张簏子和张方每年两季。春天是春分、清明、谷雨、立夏、小满、芒种六汛；秋天是白露、秋分、寒露、霜降四汛。虽然当年没有渔政管理，也没有夏季禁捕令，但南黄海本港的渔民按照老祖宗留传下来的规矩，夏季息三伏，是不捕鱼的。我们的祖先能正确协调人与自然的关系，有利于自然资源的再生。

阻网

阻网分两种，一种专取大鱼的叫稀网，另一种大小鱼都能取的叫袋儿网。这两种网的结构和作业方式都相同，所不同的是，稀网的网眼较大，而袋儿网的网眼较细，并在网的下部三分之二的部位结上一些网袋，网袋与网袋之间的距离约1米。阻网一般在秋汛作业，有时袋儿网也在冬季和春季作业。

结网和装撑。阻网由麻线结成。先结成网片子，展开后网片长度约15米，宽度为1.2米，袋儿网加结0.4米深的网袋。网片结成后装上网纲，也就是在网片的四周装上细麻绳。撑子是粗毛竹的竹片子做的，长1.2米，宽2厘米，在撑子的两头用刀刻上浅槽。用网线把撑子两头的槽位系到网片的网绳上，由撑子把网撑开，阻网就做成了。凡是麻线结成的渔网，包括弶网、方、阻网等都要经过血网这道工序（取黄花鱼的张网除外）。血网就是用动物（牛、羊、猪）的血把网浸泡一遍，晒干后用蒸笼蒸透。血过的网对海水的阻力小，爽水快，防腐。据老渔民讲，用血过的渔网迎鱼，可能是因为鱼类对动物的血味特别敏感。

海安，中国紫菜之乡，在10多公里的海岸线上，干品紫菜产值占全国的1/4，图为收获紫菜时的场景

阻网篙子、竹绊、绊绳。阻网篙子是直径35~40毫米的竹竿子，长度为2.5米，在竹竿的粗头部位的两侧削去一部分，以便于插入土中。竹绊用比较粗的竹子锯成约35厘米长的竹段子，再一劈为二，下部削成半斜形以便插入土中，上端刻槽。绊绳用细麻绳，约4.5米长，一头系在竹绊子的槽上。由6条网、30个竹绊子和绊绳、30根阻网篙子组成一份阻网。

阻网船人员组成。阻网船成员包括船老大一名，船头两名，伙头一名和其他成员十几人。每个人必须备有一份阻网。伙食由各人自备，船老板只供给可航行的船。

阻网生产。阻网生产每年的汛期较长，除夏季三伏天收港以外，基本上都可以生产。阻网生产与张方、张簏子正好相反，小汛开始生产，大汛进港。主要捕取大黄鱼、鮸鱼、黄鲴、鲈鱼、鲻鱼等。捕鱼的网具虽属个人所有，但捕获的鱼是全船共有的。

阻网船九潮水开船上土珩地。阻网土珩地要选取一片中间微凹两侧偏高一点的平缓的滩涂，小汛时涨水漫入水下，但不深，落潮后能露出水面。有经验的船老大和老渔民在这片滩涂上找出有鱼洄游的痕迹后，决定在此布网。这一片滩涂就称为阻网土珩地。

开船出港，全船船员在船老大的指挥下各就各位，通力协作，形成一个整体。航行时由船老大抽空做出阄，全体船员都要抓阄，无一例外。抓阄的目的是确定船到土珩地后各自布网作业的位置，通过抓阄来决定序号。因为阻网布网长度约有两三里，必须事先确定各人布网的相互位置，到土珩地后布网才能忙而不乱，各自完成自己的一份网的布设。

船到土珩地后，待落潮水退，露出滩涂，全船成员（包括船老大）各人都挑起自己的一份网具到土珩地，按照事先抓阄决定的顺序一字排开，每人负责80~90米一段布网，全船布网有3里长。先把6条网在自己的一段中拉开，网与网之间接好头，下网纲一律对着涨潮的方向，网伏在沙滩上。沿着网的下网纲一线每隔3米左右在地上插上一根阻网篙子，在自己的一段上共插上30根篙子成一线。插篙子时必须一边晃动沙滩一边插，否则是插不进去的。把30根篙子都插进沙滩约30厘米深，然后把网的下纲绳系到篙子平土的位置上。30根篙子全部都与网的下纲绳系牢实。在每根篙子对应的，网的落水方向4米处下竹绊。下竹绊时也要一边晃动沙滩，一边用脚后跟蹬踩，直到把竹绊埋到平土。经过晃动的沙滩排出沙中的水后就成为静沙，这与张簏子下地扣是一个道理。再把绊子上已系好的绊绳扣到对应的篙子上（距地面约1.8米处），布网的工作就完成了。完成这项作业要十分抓紧，争分夺秒，因为这一切工作都必须在潮水退位后，下一个涨潮之前的时间段内做完。尤其是抓阄排序号排到远离船三四里的位置时，首先得挑上100多斤的网具，跑上三四里的路才到自己的作业地段，往往刚布好网就开始涨潮了。不得不涉水回船。幸好小汛涨潮不快，到船时海水已有1米深了。自己的网与相邻的网各人负责左边的接头。

紫菜养殖　　沈启鹏/摄

开始涨潮了，所有的网一律伏在地面上，不必担心网被潮水冲跑，因为网的下纲都系在篙子的根部，篙子下端插进沙滩很稳定。此时只能看到海水中一眼望不到头的一排立着的篙子。鱼跟潮水一起从网的上部通过。经过几个小时的涨潮又开始落潮了，落潮时潮流的冲力使伏在地面上的网全部站立起来了，贴靠在篙子上。篙子有绳子拉在绊子上，绊子埋在土中起到锚固的作用。退潮时鱼跟潮水一起退过来，鱼遇到站立的网后就返游，潮水通过网眼退走了，鱼被截下来。潮水越退越浅，鱼在网前窜来窜去。有些鱼想做漏网之鱼，本想窜进网的大眼逃脱，没想到窜进了网袋进退两难。潮水退了，鱼却集中在凹槽。由于凹槽十分平缓，水很浅，本港人称作舀子。较大的鱼只能侧着身子与水搏击，还有许多较小的杂鱼，在舀子里尚能游动。如细眼睛的元头鱼、长胡须的胡子鱼、鲻鱼、板鱼和摆角鱼等。渔民们把一筐筐的鱼挑的挑，抬的抬，朝船上送，在舀子里走动得十分小心，这里危机四伏。有一种鱼叫鳐鱼，本港人叫它条鱼。身子扁平圆形，两只眼睛长在上方，有一条细而长的尾巴，在尾巴上长着三个毒刺。舀子里水很浅，它就把整个身子都埋在泥沙下面，只有两只眼睛露在外面，不注意根本看不到它。有经验的老渔民在舀子走动，很注意地面的情况，当看到它的两只眼睛就知道它埋在那儿，用取蛤蜊的竹柄铁齿的叉儿，把它一钩就拖出来了。如果不小心踩到它身上，它把尾巴一扫，毒刺就刺进人的脚上，让人疼痛难忍，立即倒地，本港人称作中镖。凡中镖的人首先有三天三夜痛不欲生，从脚上肿到腿部，几天后中镖的部位开始霉烂，烂成一个坑塘，并不断流出黄水，在现代医学条件下治疗也得两个月，在过去，医疗条件差，中了镖的渔民总要害上小半年才能痊愈。张方、张篦子、弶网也常捕到鳐鱼，渔民们看到它，不管三七二十一，首先用方便的器具（什么东西就手方便就用什么东西）把它尾巴上面的刺去了。所以市场上卖的鳐鱼毒刺已经去掉，不必担心。鳐鱼高蛋白，高动物胶，从营养学角度看，它是上品。

赶海途中

梭子蟹也会埋入泥沙中，只露出两眼，抓它时也得当心。它的两只大螯不得小看，如不小心被螯到则“入肉三分”。鲈鱼和摆角鱼在头的两侧都长着角刺，抓它们时也要非常小心，弄不好被它们的头那么一摇摆刺到脚上或手上也让人疼痛得直叫娘。

涨潮了，渔民回到船上，伙头开始做饭、烧鱼，其他的人手握鱼刀，把鱼从背部剖开揣上盐开始腌咸鱼了，大家动手把鱼腌好装入舱中，美美地吃上一顿鱼米饭。因为旧时没有冷冻设备，一个汛期前四天所捕的鱼统统腌成咸鱼，后两天捕的鱼就不腌了，阻网船进港有咸鱼也有鲜鱼。

赶小海有了摩托车　沈启鹏/摄

其他小取生产

除了以上张簖子船、张方船、阻网船以外，还有弶网船、钩蛏船、拉网船、打杂船（专取蛤蜊、车螯）等。如果秋初出现海蜇，随时组织开海蜇方船专取海蜇。从事这些作业的船都是小吨位的船，本港人俗称舢板船，但不同于大船上所带的摇橹小舢板。

跑生意

大吨位的船在春汛捕黄花鱼结束后绝大部分都停港等待第二个汛期的到来。只有个别船合伙做点生意，跑山东青岛。从本港装上棉花、启海通州一带本纺白布，运到山东能卖上好价钱，而后再从山东运回花生油、花生、大枣、柿饼、莱阳的梨、烟台的苹果，这些特产到本港也很受欢迎。还有就是大家出资派出几条船到山东运儿船盐回来，大家分，留待第二年春汛大生产腌黄花鱼用。抗日战争期间，本港大吨位渔船曾为新四军兵站来往上海、山东等地运送军需物资。解放战争后期，本港部分大吨位渔船被征集运送兵员，参加解放浙闽沿海岛屿军事行动。

小取生产是南黄海滩涂渔业生产作业的主要部分，另一部分为无须渔船的白路作业。

海子牛（国画）　沈启鹏/作

第四章 白 路

滩涂渔业生产除小取生产捕捞鱼类之外，沿海渔民及农民常在汛期间隙和农闲时节白天或夜间下海捕捞，本港人称之为下（音哈）小海。又因不需渔船，渔民每天步行到海上作业，本港人也称之为“下白路海 ”。白路作业分两类，一类是合伙作业，如张小方、做切网、拉兜子等；一类是单独作业，如踩文蛤、拾泥螺、钩蛏、寻鱼、捞蟹、接涨、圈网等。后者为白路作业的主要方式。

白路踩文蛤

踩文蛤

本港人称文蛤为砗蛤，踩文蛤称为闹砗蛤。所谓闹，形象地表现了踩文蛤的动作要领。

踩文蛤

文蛤生长在潮间带沙珩上，一般在小汛期间，“初五二十下望潮”，即农历初五或二十之后的5天之内，为踩文蛤的最佳时期。在开始退潮，潮间带部分沙珩渐渐露出水面之后，渔民准备下海，此时到文蛤产地沙珩中间还隔着若干条宽窄不等的港汊，渔民必须涉水过港，称之为“跋港子”。一些较大港汊正在落潮，水流很急。渔民过港，浅者齐胯，深者齐胸，加之水流湍急，旋涡连连，必须要有很好的水性，才能过港。也可以等潮水全落后再过港，但先过者已经占有文蛤最集中的沙珩了。过港时最危险的莫过于碰上流沙，一旦陷入流沙，若身边无人相救，就会“失事”，本港人称海难为失事。所以过港时一般都会几人相伴而行，并且由有经验的老渔民，本港人尊称为老海夫领路，其他人一条线紧随其后，不敢乱走。如果有人不慎陷入流沙，身边另一人赶紧伸出竹扁担，陷入者只要抓住竹扁担，就可以被拉出流沙，安全脱险。南黄海滩涂上一般都是铁板沙，也暗藏许多流沙，多在浅水处，如在浅水处陷入流沙，最佳脱险方法是立即倒地，将扛在肩上的竹扁担等踩文蛤工具就势搁在沙上，用尽全力，滚出流沙地带。过港还有一景，就是渔民全部脱掉裤子，光身下水，外地人常常不解，以为是海边风俗，其实是不得已而为之。海水含盐量极高，如果下衣浸湿，将会磨烂下身皮肤，盐水侵蚀，磨烂处极疼，所以无法文明。即便有女人在场，也是如此。也有姑娘小媳妇下小海的，她们不可能脱衣，全由亲戚、邻居帮忙，驼在男人背上或骑在男人肩上蹚水过港。

到了沙珩，选中一块沙面气嘴比较多的地方，渔民左手提一只用竹片绷口的小网袋，本港人称之为“海子”，右手握“站叉”，“站叉”是一根小竹竿装着一把三齿小铁耙，竹竿尾端插在右手臂上扎着的绳圈内，用以助力。渔民把两脚分开，左右摆动身体，重心在两脚间换来换去，开始“闹砗饴”。沙滩是极其松软的，一会儿沙滩表面就跟着变平了，也跟着人的身体不停波动，固体的沙滩有了液体的部分性质，文蛤由于自身比重小于沙滩，就像从水里浮出来一样，躺在沙滩的表面上，此时渔民眼勤手快，用“站叉”将文蛤一个个挖拾到“海子”中。凡事总是讲缘分的，踩文蛤也不例外，有时看着气嘴挺多，但踩了半天，出了一身汗，浮出来的文蛤也不一定多。踩文蛤讲究技巧，踩的频率和力度要与沙滩同频共振才能省力，事半功倍，有经验的老海夫虽然不懂什么叫同频共振，但是能看火候，知道什么时候该快，什么时候该慢，什么时候该用力，什么时候该轻踩，看老海夫踩文蛤是一种享受，不温不火、不紧不慢，一袋烟工夫，老海夫的“海子”里就满了。

白路踩文蛤

要涨潮了，渔民们开始在港汊内淘洗文蛤，装上大网袋，用毛竹扁担挑起，赶在涨水前过港回家。一个潮，老海夫一般都能弄上百十来斤文蛤，至少也能有几十斤。

踩文蛤时间长了，老海夫身上就留下了印记，那腿就像五升斗儿，走起路来嗵嗵的，一步一个脚印，一步一个响声，并且各人走路的动静还不完全一样。有时老海夫半夜才回来，老婆孩子隔着门窗就知道是不是自己家的人回来了，如果是邻居家的人回来了，还能听出是谁回来了。

文蛤涨蛋或炒文蛤是本港人家常菜。文蛤汤则是孕妇坐月子吊奶水的最佳食物。

文蛤壳较大者被有关厂家收购，用作护肤品包装，本港人称之为“歪儿油”，冬季用于防治冻疮、手足干裂等农村常见皮肤病很有效，价廉物美，深受农民喜爱。

踩文蛤时通常会踩到蛤子，本港人称作“馅子”。蛤子与文蛤有明显区别。文蛤比蛤子略大，壳呈扁圆形，浅黄色，上面有棕色纹路，这些纹路仿佛美丽的图案，且每只壳上图案均各不相同，令人喜爱，海边小孩都喜欢捡拾一些具有特别漂亮纹路的文蛤壳当作玩具，因有纹路故称文蛤。而蛤子壳则清一色为灰白色，壳呈圆形。

白路踩蛤归来

蛤子较文蛤更为鲜嫩，特别是春天菜花黄时节的蛤子尤其肥美，本港人称之为菜花黄馅子，因此时正值蛤子产籽，蛤肉肥嫩。韭菜黄炒馅子，是本港人一道待客菜。

蛤子分船馅子与白路馅子两类。所谓船馅子，是渔民上船下海，退潮时下船到沙珩上“弄馅子”，涨潮时上船避潮，一个汛期结束，才随船进港挑馅子下船。因周期较长，馅子在船仓储存时肉质略有消瘦，新鲜程度也有所下降。而所谓白路馅子则是当天弄回，口味较之船馅子更为鲜美。这两种不同生产方式的馅子只有本港人才能分清，因此本港人几乎没有吃船馅子的。船馅子一般只在冬天生产，也属于“小取”生产范围。

钩蛏

竹蛏为沿海滩涂的一种定居贝类。外形如中指，两翼狭长，薄壳，尾部有肉球，起推行作用。头部有两根肉质吸管，伸缩自如。

竹蛏终生厮守一地，定居在潮汐交汇处的滩涂。涨潮水漫滩涂时，竹蛏伸出吸管捕食浮游生物，退潮时则困守沙滩。钩蛏是一种很有趣的劳动。渔民手持尖头木棍，在沙珩上寻找蛏孔，凡见有相距一寸左右的两个孔，其间必有一蛏。

钩蛏

这时，用木棍在两孔之间锥一个洞，一手携铁丝钩，傍洞而下，旋转90度，轻轻上提，一只鲜活的竹蛏便成为篓中之物了。钩蛏需要一定的操作技巧，如果用力过大，必会将蛏体钩烂；用力过轻，则蛏不上钩。

钩蛏的钩子呈45度锐角，之所以如此设计，皆是因为蛏眼子。竹蛏钻在洞窟里，留下两个像节能日光灯插座那样两个小眼子露在外面，以摄食和维持呼吸。竹蛏在进食和呼吸过程中排出废物，那废物就粘在蛏眼的两侧，有经验的钩蛏人只要见此情景，就立马判断出那是一个蛏眼。此时，只要把钩子顺着蛏眼慢慢地插入，然后轻轻一转，待钩子抓住蛏子，再就势缓缓拉出。

竹蛏肉嫩味鲜，其汤尤甚。如觉胃滞胀，吃点蛏肉，喝点蛏汤，症状立即就能缓解。竹蛏的吃法很多，可连壳子白水煮了吃，或煮熟，然后掏出肉子，去掉衣子（裹在肉子上的一层黑衣），划成蛏条，或煨或炒，便可随心所欲地做出各种可口的美味来。

本港蛏干是海珍之一，价格昂贵。鲜蛏去壳晒成干后，坚硬金黄，极耐长期储存。食用时以水泡开，剪成条状，洗去沙子，加水慢煨。将熟时，加入白萝卜条、少量肥肉条、脂油（猪板油熬制）同煨至烂。其汤雪白浓厚，其味入口鲜美异常。本港人红白喜事请客，第一道大菜就是蛏汤，称之为"蛏领头"，预示本次筵席档次较高。

挖蛤蜊

蛤蜊形状类似文蛤和蛤子，但较文蛤稍小，一种瓦楞蛤蜊壳上形成沟棱状，故称瓦楞蛤蜊。蛤蜊生长沙层较文蛤要深，所以要挖。

挖蛤蜊的主要工具是蛤蜊锹。蛤蜊锹有些类似本港人平时使用的圆口大锹，但要小很多，也轻很多。挖蛤蜊就是拿着一把蛤蜊锹，背着一只竹篓，在落潮的滩涂上寻找猎物。有经验的老海夫，能做到眼睛看着，手里忙着，脚底踩着。所谓眼睛看着，就是凭着一双锐利的眼睛，就能看到蛤蜊藏身的地方，只要让蛤蜊锹沿着一块稍高一点的小沙丘挖下去，一只肥蛤蜊就会手到擒来。所谓手里忙着，其实就是眼和手的分工合作，连锁作业，碰到那些老海夫，你会对他们那眼睛和手的熟练配合佩服得五体投地。所谓脚底下踩着，指的是那些有经验的老海夫能凭自己的脚底感觉，判断出他所走过的地方哪里有蛤蜊，哪里没蛤蜊。当然了，这样的脚底功夫不是一天两天就能练成的，非老海夫莫属。

蛤蜊多为白水煮食，其味鲜美程度不在文蛤之下。蛤蜊壳较易破碎，因而常被粉碎，制成猪、鱼等养殖饲料添加剂，以增加钙质。

运文蛤的牛车

接涨

接涨，顾名思义，是渔民赶在涨潮时用网具拦在潮头捕捞。网具为三角形，用两根长竹竿固定两边，张开时成扇形，前面网面浅平，后面网兜较深，网兜后沿用一根短竹竿捆扎在两边长竹竿上，便于将网兜提出水面，用“抄海”取鱼。这种网具称“三角网”，也称“捞网”。接涨作业劳动强度极大，要跑得快，以追赶如奔马般的潮头。腿部有力，能抗得住齐腰深的激流冲击。手臂有劲，能将兜满潮水的网具不断提起。因消耗体力很大，也有人称这种通称接涨的白路捕捞方式为“强盗网”。如在夜间接涨，还需在背在身后的竹编“虾篓”上斜挑一盏风灯照明。风灯多以酒瓶割掉瓶底及瓶嘴当灯罩，割酒瓶的方法是用一根粗棉纱浸火油绕在需割处，点燃棉纱，将烧尽时迅速放入水中，瓶身立断。风灯用一根弹性较好的长竹片高高挑起，斜插在“虾篓”边框一根竹管内，微弱的灯光正好能照清出水的网兜。在海风极大的潮头上能用火柴将风灯点亮，也是一个有相当难度的技巧活。接涨追赶潮头一般以捕捞小鲻鱼（俗称“钉儿鱼”）为主，这种小鲻鱼喜欢在潮头跳跃，比较适合这种三角网接涨捕捞方式。小鲻鱼名称不一，大一点的叫椽子鱼，中等五六寸长、像一根铁钉的叫钉儿鱼，最小的叫“新五儿”。

接涨还有一种作业强度稍弱些的方式，即选定潮水流经的港汊，固定在一个地点捕捞，这种方式主要以捕捞海虾为主，也能捕捞到一些梭子蟹。

接涨（捞网）

掼圈网

圈网亦称旋网，原为内陆河道打鱼传统网具，沿海渔民用于白路生产，作业方式类似接涨，也是在涨潮时追赶激流潮头，所捕捞鱼产品以“趋浪”为主。此鱼名最为形象，写成书面文字也很文气，因其特别喜欢潮头激浪，故有此名。也有写成“推浪”或“推沙”的。“趋浪”鱼煨白汤味道特别鲜美，为如东决港一道名菜。

踩文蛤、弄饳子、钩蛏、挖蛤蜊、接涨等白路作业生产时间较长，劳动强度较大，因此渔民下海必须中途补充吃食，本港人称之为“带饭”。

带饭为方便食用，多以面食为主，穷人家常在粥锅边上贴几只玉米面或芦穄（高粱）面饼子。家境稍好些的则多以元麦面或小麦面发酵做成老酵饼。也有不少人喜欢摊“摊饼”，以小麦面和成糊状，打两个鸡蛋，撒些葱花，摊在热锅上焓熟即可，春夏时节，则在面糊中加入切碎的藿香叶子，俗称藿香摊饼，更为可口。摊饼比贴饼与老酵饼软，可少喝些水，下小海所带淡水有限。

白路作业为南黄海沿海渔民在春汛等渔业大生产之外的小型个体生产，也是沿海农村农民的主要副业，是沿海农民贴补日常家用的主要经济来源。

接涨（捞网）

各汛期称谓

无论是远洋渔场大生产作业还是近海滩涂小取乃至白路作业，渔民均需要十分熟悉与掌握潮汐涨落时间。南黄海近海潮汐分为大汛、小汛。以阴历推算，每月分为两个汛期，每汛期再分为大汛和小汛。

小汛指阴历初五至初九和二十到二十四，每月有两个小汛。

大汛指阴历十五至十九和三十至下月的初四，每月有两个大汛。初十至十四和二十五至二十九为过渡期。

初五，下网潮水；初六，下网一；初七，下网二；初八，下网三；初九，下网四。初十，起水；十一，一潮水；十二，二潮水；十三，三潮水；十四，四潮水；十五，五潮水（半汛潮水），十六，六潮水；十七，七潮水（草拦潮水）；十八，八潮水；十九，九潮水；二十，下网潮水；二十一，下网一；二十二，下网二；二十三，下网三；二十四，下网四；二十五，起水；二十六，一潮水；二十七，二潮水；二十八，三潮水；二十九，四潮水；三十，五潮水（半汛潮水）；初一，六潮水；初二，七潮水（草拦潮水）；初三，八潮水；初四，九潮水。

五潮水的“五”音同“舞”，七潮水的“七”音同“吃”，南黄海渔民称“五潮水”为“半汛潮水”，称“七潮水”为“草拦潮水”。

涨水、落水：本意为涨潮、退潮，有时也当位置讲。涨水，即为来潮方向，落水位置与之相反，小取渔民在沙珩地上生产即以涨水落水说明位置。

开港汛：清九（九九）后的第一汛，因季节的变化，潮位升高，涨落水时流急浪高，首次将入冬后淤积变浅的港子冲刷加宽加深，称为开港汛。

少汛（少，音读shāo，意为快）、闷汛：每月的两个汛期中有少汛和闷汛。少汛，涨落水流速快，潮水较大。闷汛则反之，水流较平稳。少汛和闷汛以开港汛期区分。开港汛在月中，即月亮为满月时（亮汛），则以后每月中大汛期为少汛；开港汛处为月头、月尾（黑汛），则月头、月尾的黑汛为闷汛。

第五章 海 鲜

大黄鱼

大黄鱼

南黄海吕泗渔场是全国闻名的黄鱼主产区之一，捕捞量一度很大，所产大黄鱼曾与小黄鱼（春鱼）、带鱼、乌贼鱼并称南黄海四大海鱼。大黄鱼，又称石首鱼，因黄鱼属石首鱼科。明代李时珍在《本草纲目》中称其“首有白石二枚，莹洁如玉”。颅骨内的这两块耳石上还有纹路，形同树木的年轮，据此可推断鱼龄。黄鱼于每年五六月间旺发，届时成群结队集聚如龙，蔚为壮观。渔民大取用对船洋网捕捞，小取以弶网、插竹等阻簖。网离水面，黄鱼在阳光下有如金梭闪烁，鲜黄耀眼。每到此时，渔民们个个掩饰不住丰收的喜悦，真可谓吃鱼没有取鱼乐。吕泗大黄鱼为名贵鱼种，是我国著名的海洋经济鱼类，其体大色黄，肉质嫩厚，上筷时自裂成块，形同蒜瓣，入口即化，香酥鲜美。大黄鱼吃法有多种，可红烧、糖醋、熘炸、煨汤、清蒸等，还有一种特殊的吃法，就是将其做成干货黄鱼鲞，与鲜猪肉红烧，香腴不腻，风味尤为独特。

春鱼（小黄鱼）

每年油菜花盛开的春日正是南黄海春鱼大量上市之时，所以春鱼又叫黄花鱼。春鱼汛期分为清明、谷雨、立夏三汛。清明汛春鱼始发，即见苗期，此时春鱼如嗡嗡蚊叫。渔民称之为“报喜春鱼”。到谷雨汛，春鱼叫声更大，立夏汛最响。清人田九成《游览志》云：“每岁四月，来自海洋，绵亘数里，其声如雷。海人以竹筒探水底，闻其声乃下网，截流取之。”立夏过后，就捕不到成批的春鱼了，有“立夏三天鱼头散”的说法，可见捕捞春鱼的季节性是很强的。春鱼是海底层结群性洄游鱼类，喜栖息于软泥或泥沙底质海区。春鱼的头较大，头颅具发达的黏液腔，尾柄长为尾柄高的两倍余。臀鳍第二鳍棘长于眼径，鳞较大，在脊鳍与侧线间具鳞5～6行，脊椎骨一般为29个。春鱼亦属石首鱼科。鱼头中的两枚耳石具有药用价值，称为“鱼脑石”。过去中药铺将之作为中药材大量收购，有化石通淋、收敛解毒的作用。春鱼的药用历史悠久，始载于唐《食疗本草》。其肉性平，味甘、咸，具有健脾开胃、益气、填精、壮阳、明目、安神等功效。春鱼的鳔中空如泡，能补肾益精，滋养筋脉，止血散瘀消肿，治肾虚滑精、产后风痉、破伤风、吐血、血崩、创伤出血、痔疮等疾。现代营养学家研究发现，春鱼鳔含有丰富的胶质蛋白，能增强人肌肉的弹性，增加耐力，消除疲劳。春鱼胆汁含有胆酸、甘胆酸、牛黄胆酸及钠盐，主要功效为清热解毒，平肝降脂。春鱼肉质风味与黄鱼大同小异，但比黄鱼更为鲜嫩。吃法也有多种，可红烧，可清蒸。也有将其与大蒜苗、青蚕豆瓣同烹，味道更美。还有将洗净晒干后的春鱼渍在米酒糟坛内，腌成糟春鱼，吃时蒸熟，又是另一番风味。昔日，逢到春鱼丰收年景，鱼鲜价廉，城乡居民几乎户户几十斤、上百斤地购回，刮除鳞片，掐去头鳃，同时将其肚肠一并拉出，无须剖肚。洗净之后，抹上盐，用细绳扣住鱼尾，倒悬着晾挂于屋檐或树荫之下“沥卤”。一行行，一串串，不失为南黄海沿海村镇一道春日风景。数日之后，鱼皮泛出一层白色盐霜，成为春鱼干。到春末夏初，将其切成段，撒以葱花、姜末，倒点米酒，隔水或放在饭锅里蒸熟。不少人家的厨房内就飘出一缕缕扑鼻的鱼香，那白嫩像大蒜瓣一样的鱼肉，确是就酒下饭的佳肴，一直可吃到秋后。

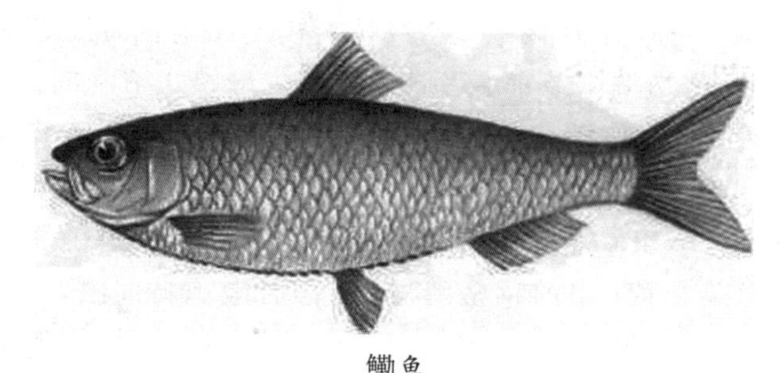

鳓鱼

鳓鱼

长江举世闻名的鲥鱼已几近绝迹，而在南黄海沿海人家的餐桌上时常可以品尝到酷似鲥鱼的海鲜珍品——鳓鱼。鳓鱼又名勒鱼，与鲥鱼同属硬骨鱼纲鲱科，暖水性中上层鱼。鳓鱼腹部有36~42个锯齿状棱鳞，易勒人手。李时珍《本草纲目》称“鱼腹有硬刺勒人，故名”。鳓鱼体侧扁，银白色，头小，口上位，鳃孔大，背鳍短，臀鳍基底长约为背鳍基底长的3倍，腹鳍很小。春季至初夏为生殖季节，鳓鱼集群由外海游向近海，较易捕获。清人李元《蠕范·物候》载："鳓，勒鱼也，肋鱼也。似鲥，小首细鳞，腹下有硬刺。常以四月至海上，渔人听水声取之。"据渔民讲，鳓鱼腹下的硬质棱鳞如刀刃一般，游动速度很快。鳓鱼一到，其他鱼得统统让路，不敢与其夺饵，否则碰到它就会被划上一刀。南黄海海域是鳓鱼繁衍生息的重要场所。洋口港太阳沙北边有一块沙洲就被渔民称为"鳓鱼沙"（清时称"鲞鱼沙"）。每年四月、五月是南黄海鳓鱼旺发上市季节。明人胡世安《异图赞补·鳓》载，"东南海中，夏初谡谡，渔人设网，伺鳓次逐，状刺如鲥，冰鲜是鬻"，说明明代就有冰冻保鲜的鳓鱼上市。但不少情况下，渔民来不及返航卸货就用盐腌渍。视用盐量的多少，分为"麻鲜"和"货"两种。《光绪通州志·物产》中载："鳓，咸者有摇网、闷舱、淌卤。"徐珂在《清稗类钞·动物·鳓》中则称："干者曰鳓鲞。"在南黄海沿海地区习俗中，每当端阳节前，毛脚女婿给丈母娘送节礼时，少不了要备上一对鲜鳓鱼，至今此风依旧。因而，在端阳节前一周内，"鱼市鳓贵"，尽人皆知。从前，鳓鱼亦为朝廷贡品。清时通州人李琪《崇川竹枝词》中有首"勒鱼百尾未敢尝，蟛蜞只卖菜花黄；霜前稻蟹留与妾，雾后椒鸡持向郎"。词的首句就出自"明洪武初，渔人葛原六诣阙（指进宫）献勒鱼百尾。太祖问曰：'鱼美如何？'曰：'鱼素美，但臣未进不敢先尝。'太祖厚赐之"这一典故。鲜鳓鱼无论清蒸，还是红烧，风味均绝佳。较为考究的清蒸方法是，取斤把重的新鲜鳓鱼一尾，去除内脏洗净后，拎住鱼尾，在开水中焯一下，捞出冲凉。将猪板油切成2寸长、2分厚的片，与氽过的冬笋、香菇、火腿片以及花椒、葱段、姜片一起放在鱼身上，再加入料酒、盐、清汤在沸水锅中蒸15分钟。时间不可太久，否则鱼肉过老。蒸过后去除葱、姜、花椒，滗出原汤于勺中，再加些清汤，调好味，烧开后重新浇在鱼身上即可趁热上桌。红烧则按常规烧法，但必须放蒜瓣数枚，冷热均可上桌。清蒸鳓鱼肉嫩味美，香气扑鼻，红烧的则肉酥汤醇，均非一般鱼类可比。经盐三次反复腌制的咸鳓鱼，则久贮不坏，香浓味鲜，为下饭佳品。浸过鳓鱼的鳓鱼卤，经滚煮后澄清，味鲜胜过酱油，用以蘸食品，鲜美可口，别有风味。鳓鱼用酒糟糟之，异香扑鼻，为下饭佐酒之妙品。鳓，既可作上品菜肴，又有医疗保健之功效，其肉“甘、平，无毒”，“开胃暖中，作鲞尤良”。清王士雄在《随息居饮食谱》中载鳓有补虚之功效。将鳓晒干，煅烧研末后冲服，对治疗心悸病有很好疗效。其鳃，则主治疟疾。令人称奇的是，鳓鱼骨还另有妙用。其一，李时珍《本草纲目》：“甜瓜生者，用勒鲞骨插蒂上，一夜便熟。”其二，骨可制成工艺品。《辞源》有载：鳓“头上有骨，合之如鹤喙形”。清人赵翼在《鲞鱼鹤》诗中有“强合飞潜性，能令臭腐神”、“不藉胎生幻，居然羽化真。出波才几日，便欲唳青旻”之句。在《又鲞鹤一首》中则说到，“海阔天空境，升沉倏两分。腥闻虽鲍肆，骨鲠肯鸡群。似蜕蝉餐露，非池鲤跃云。漫疑鸾沾水，浪拍去求勋”。诗人虽另有感慨，但可见鳓骨成鹤已早为人所知。在南黄海沿海村镇，亦时有人吃完鳓鱼后，选取鱼头骨七块，洗净，趁未干燥之时，借鳓骨间天然缝隙，无须任何工具和辅料，巧为插合，顷刻即成一只玲珑剔透的仙鹤，栩栩如生，令人称奇。据说，用咸鳓骨制成的仙鹤，用细线悬于室内，根据其身体的转向，还可预测天气。

鲳鱼

又名镜鱼、鲳鳊、昌侯鱼、平鱼、瞌睡鱼、车片鱼、叉片鱼等，属硬骨鱼纲，鲳科。鲳鱼的得名有两种说法，明代李时珍释其名说：“昌，美也，以味名。”此其一，第二种说法是，鲳鱼在海中游动时，口中流出许多唾沫，吸引了不少小鱼小虾追逐而行，犹如招蜂惹蝶的娼妓。

清徐珂《清稗类钞·动物·鲳》中记述："鲳，可食，大者尺许，体扁圆，头小颈缩，头背及鳍皆苍色，腹淡，鳞至，肉白，骨软，多脂，产近海。"寥寥数语，将鲳鱼的形状描绘得惟妙惟肖。需要补充的是，鲳鱼吻圆，口小牙细，成鱼腹鳍消失，背鳍及臀鳍前部鳍条呈镰刀状，尾鳍分叉深。鲳鱼为暖水性中上层鱼类，以甲壳类等为食，其呈长椭圆形的食道内密生带角质棘的乳突，消化能力强。鲳鱼分银鲳和黑鲳两种，清李调元《然犀志·鲳鱼》中早有记载："鲳鱼，即鲍鱼，一名镜鱼，有乌白二种，小者名鲳鳊，身正圆，无硬骨，炙味美。"南黄海海域盛产的鲳鱼以银鲳居多，人们往往把银鲳简称为鲳鱼或鲳鳊鱼。需要指出的是，近年来集市上常有一种形状近似于银鲳的鱼类出售，卖者往往以鲳鱼名招徕顾客。其实这种鱼体态与鲳鱼有别，一是体形较长，不似鲳鱼扁圆；二是有腹鳍；三是尾鳍分叉较浅，开口较小；四是鳃盖膜分离，不与峡部相连；五是鳃盖后上方的体表有一扁豆子大小的黑斑；六是体表隐现浅红色，而鲳鱼则不然。这种鱼产于东海南部海域，广东沿海盛产，虽也属鲳科，但其名为"刺鲳"，肉质不及鲳鳊味美。

鲳鱼

南黄海盛产鲳鱼，蒋家沙中部的铁板沙至废黄河口直至东沙一带的海域是捕捞银鲳的主要渔场。鲳鱼既是海产美味，又有药用保健作用，且历史悠久。《本草拾遗》称："腹中子有毒，令人下痢。"另外鲳鱼含糖量居诸鱼之首，食时亦不宜过量。鲳鱼的吃法很多，既可红烧，也可清蒸；如将鲳鱼去骨削成薄片，则有铁板鲳鱼片，其肉质更为鲜嫩肥美；也可将其油炸供冷盘使用；如将鲳鱼煮熟支骨，切碎后再加粳米、调料，则可煮成鲳鱼粥，对脾胃虚弱者尤为适宜。上述吃法均需选用新鲜鲳鱼，此外，鲳鱼还可腌制或糟制，以供日后食用，从清蒲松龄《日用俗字·鳞介章》所载"街上蛏干包大篓，海中鲳鱼下甜糟"的诗句中即可见糟制之一斑。

鮸鱼

又称浨鱼、米鱼。南黄海海域每到夏季即盛产鮸鱼，属暖水性底层鱼类，喜栖息于底质为泥或泥沙海域。成鱼一般长一尺三寸至一尺七寸，重3～5斤，大者可达二尺五寸，8斤重。鮸鱼形体侧扁，口大，头尖长，尾呈楔状，其色灰褐，不似大黄鱼那么金光灿灿，可谓其貌不扬，不为外地人所青睐。可是内行人却对其特别钟情。此鱼肉质肥厚，除中骨外很少骨刺，可大块大块地吃，故人们俗称其"米鱼"。在如东沿海集镇的一些颇具海鲜特色的酒店里，一条四五斤重的大米鱼用大号锅红烧后，用特大号汤盘盛上，几近半桌大小，满座食客面对这一特色鱼味，在大饱口福后再也吃不下其他菜肴和米饭了。鮸鱼亦属石首鱼科，像大黄鱼、春鱼、梅头鱼一样，头部都有耳石二粒，皆可入中药。鮸鱼耳石大者如半粒蚕豆大小，往日，人们打牌时常常用此作筹码。鮸鱼肉固然为上乘之品，可是鮸鱼身上更为珍贵的却是鱼鳔。然而，人们买回上斤重的鮸鱼却多不见鱼鳔。原来鮸鱼自深水捕离水面时，由于压力骤减，其腹内鱼鳔受负压作用被自动挤出口外，俗称“吐鳔”。渔民便将鱼鳔取走。鮸鱼鳔特别肥厚，为黄鱼等鱼鳔所不及。渔民将鱼鳔摊平晒干即得到雪白肥厚、光洁晶莹的干品，俗称“鱼肚干”。鮸鱼鳔富含蛋白质等各种营养，为海上八珍之一。食前或油发，或水发皆可，配上不同原料，经精心烹饪，便可做成风格各异、柔滑爽口、汁味鲜美、营养丰富的佳肴，享有“世上美味，席上珍馐”之誉，鮸鱼鳔还是大补之物，有海中人参之称。

米鱼

带鱼

带鱼属于洄游性鱼类，有昼夜垂直移动的习惯，白天群栖息于中、下水层，晚间上升到表层活动，中国沿海的带鱼可以分为南、北两大类，北方带鱼个体较南方带鱼大，它们在黄海南部越冬，春天游向渤海，形成春季鱼汛，秋天结群返回越冬地，形成秋季鱼汛，南方带鱼每年沿东海西部边缘随季节不同作南北向移动，春季向北作生殖洄游，冬季向南作越冬洄游，故东海带鱼有春汛和冬汛之分。南黄海吕泗渔场所产带鱼属北方带鱼。

带鱼肉嫩体肥、味道鲜美，只有中间一条大骨，无其他细刺，食用方便，是人们比较喜欢食用的一种海洋鱼类，具有很高的营养价值，对病后体虚、产后乳汁不足和外伤出血等症具有一定的补益作用。中医认为它能和中开胃、暖胃补虚，还有润泽肌肤、美容的功效。带鱼的烹制方式有红烧、清蒸、油炸等多种，也可腌制成咸带鱼，别具风味。

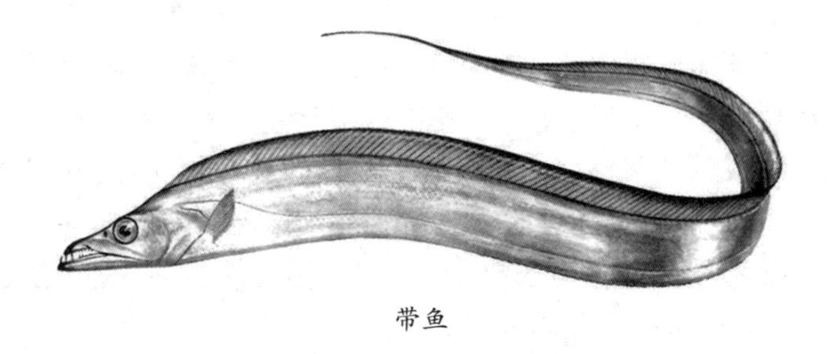

带鱼

竹蛏

海滨古镇栟茶，各式菜肴，不离海味。诸种海味，竹蛏为首。千百年来，栟茶人婚丧喜事置办筵席，不论达官贵人、平民百姓，也不论规模大小、规格高低，竹蛏必不可少。且竹蛏作为第一道菜的顺序必不可变。没有竹蛏领头，别的菜再好，也不能成为“一桌菜”；有了竹蛏领头，别的菜再差，也能成为“一桌菜”。作为淮扬菜系的一个分支——栟茶菜肴的这一亘古不变的格局，人们称为栟茶“蛏领头”。

蛏领头的缘由一说蛏系虫之圣（左虫右圣），岂能不领头？一说蛏之美味无与伦比，舍蛏谁领头？对照实情，前者不免牵强，系喜蛏者之“戏说”，后者倒确有其道理。

栟茶蛏领头，一般是指用蛏做的汤菜领头，也有用爆炒或清蒸鲜蛏领头的。栟茶渔民采贝最拿手的本领是“钩蛏”。但钩得的鲜蛏冷冻、冷藏、长途贩运还是近几十年的事情。自古以来，为便于长期保存，适时食用，或远途运送，都是将蛏去壳，晒成干。于是，常见的蛏领头便是以蛏干制作的汤菜。时下烹饪技术发展，也有以干蛏制作炒菜的，其形状、味道都接近于鲜蛏。

蛏领头要领得好，首先蛏要好。栟茶入菜的竹蛏主要有两种，一是本港蛏，二是北方蛏。本港蛏大多产自南黄海沿海，特别是栟茶沿海；北方蛏大多来自大连、营口等地，两者外形相似，但与干蛏相比，本港蛏鼻较细较长，蛏皮较薄较脆，蛏身半透明，肉质如玉；而北方蛏体形肥硕，蛏鼻较粗较短，蛏皮较厚较韧，蛏身不透明且呈微红。本港蛏做菜有一种很雅的鲜味，北方蛏做菜味道虽鲜，但较浊。至于价格，本港蛏一直是北方蛏的三倍多。现今不少精明的餐馆老板多用北方蛏制作栟茶蛏领头，但瞒不过内行的食客，在要价上也只能远低于本港蛏了。

竹蛏

本港蛏品位高，与其生长的环境有很大关系。长江奔流入海，江水向东、向南、向北，与海水交汇融合，其中北向江水浸润启（启东）、海（海门）、如（如东）沿海，至南沙（栟茶以下）一带，使海水咸度最适宜本港蛏生长、发育和繁殖。不过本港蛏中也还有品位高下之分，栟茶沿海四季产蛏，春蛏、夏蛏不及冬蛏（冬蛏较少，栟茶人称之为“冻冻青”），冬蛏不及秋蛙（栟茶人称之为“秋瘪子”，即蛏腹无子或少子，肉厚质优），而秋蛏又不及夏秋之交的油蛏。油蛏做菜，表面有一层薄薄的蛏油，味道极其鲜美。

蛏领头要领得好，要运用正确的加工工艺，把握住五个重要环节。一是泡蛏（以三两干蛏为一加工单位），先将干蛏用水洗净，放在清水里（最好是天水）浸12个小时左右（如要快，可放在温水中浸泡一两个小时），然后烧开，将蛏捞起，原汤盛放钵内备用。二是剖蛏，剥离蛏干的鼻子和蛏裹（两者相连），尔后把蛏身剖成两片，去其泥沙和杂物，再用水洗净。将蛏鼻、蛏裹和蛏身分开。三是醒蛏，先将蛏片放入石碱水（1∶20）中浸泡12小时左右，然后淘去石碱水倒入锅中，加适量水，烧开后，看火候，把蛏片醒到两头奋，尔后把蛏鼻、蛏裹下锅一起醒，再烧十多分钟即起锅，放在清水中漂。醒蛏要看火候，这是决定煨蛏质量的重要一环。四是煨蛏。先用猪油爆炒蛏片，盛起。用猪肉一两半切成筷子粗、两寸长的肉条，取中等文蛤约半斤，劈开洗净，分别爆炒备用。煨蛏，取原汤倒入锅中，将蛏、肉条、文蛤同时下锅，放少量姜、葱、黄酒等佐料，用文火煨。如原汤已少，可适当加水，至汤呈奶白可酌量放盐。五是配料，根据季节及市场供应情况而定，可用白萝卜切成细条和黄芽菜、白菜心、笋丝、木耳等炒熟衬底，亦可配点韭芽，尔后连汤盛蛏、肉条，淋点麻油，也可视口味放点胡椒粉上桌。以上烹调做法，一不放酱油，二不放荸荠，三不放或少放味精，四上桌前拣去文蛤（因其已煨老），如不喜肉条也可拣去。

蛏领头要领得好，与之配合的菜肴不可忽略。拼茶的传统菜是八碗头（8样热菜）、蛏领头；后发展为四冷盆（或拼盘），八碗头；后又发展为六冷盆、八冷盆、十冷盆，四热炒，六碗头，蛏领头。不管怎么变，不管桌菜中别的菜多么名贵，蛏领头不变。蛏一上桌，主宾间正式的敬酒仪式方才开始。蛏领头所领之菜并无定规，一般领头之后必为甜菜，末尾必为汤菜，中间肉、鸡、虾、蟹、鱼、鱼皮、海参等随喜（食客所好）组合，不过尽量不和冷盘、热炒重复。

金钩虾米

虾米即虾干，亦称开洋，成品虾米，色泽金黄，体形似钩，故名金钩，是由各种海虾煮熟，经晒干、去壳而成。虾米的营养成分很高，含蛋白质、脂肪、糖分，是人们喜爱的食用佳品。油煎、爆炒、做汤均可，其味鲜美，食而不厌。它是一种方便的海产品，便于贮藏携带，四季均可食用。南黄海所产虾米各品种名称有条米、金钩、开洋、春红、秋红、鸽子脚等。

对虾

海虾

西施舌

提起中国古代四大美女之一的西施，民间传说的佳话颇多，甚至与这位美女相关的烹饪故事也不少。俗话说，靠山吃山，靠海吃海。南黄海之滨，餐桌上自然少不了海鲜，而吃海鲜自然又少不得美酒、佳肴。一旦吃到兴起，手之舞之，足之蹈之，一些酒文化亦由此产生。

西施舌

流传于如东民间的“西施卧牙床”，说的是清蒸鲜竹蛏。至于一种名为西施舌的海鲜，其来历则说得更为出奇。传说，春秋战国时期，越王勾践灭吴后，他的夫人出于嫉妒，叫人骗出西施，用石头绑在西施身上，将之沉入大海。从此，沿海的泥沙中便有了一种肉似人舌的贝，人们多说这是西施的舌头，所以称之为“西施舌”。还有人则讲，西施、范蠡在勾践灭吴后，浪迹天涯，来到黄海边，与百姓共进三餐。由于西施爱吃当地一种贝，西施死后，当地人为了纪念西施，所以将此贝取名“西施舌”。本港人更愿相信后一说。

而“西施舌”名称的传播却与进贡有关。早在明代，西施舌作为皇家贡品从皋东运至京城途中，因贝要呼吸，常将斧足伸出壳外，形似人舌，加之两壳青紫，若美人面，因此有人惊呼“西施舌”！由此，西施舌之名传扬开了。有人记述飞骑赶送的情景：“金台铁骑路三千，却限时辰二十二”，“人马销残日无算，百计但求鲜味在”，大有当年千里飞骑送荔枝给杨贵妃的意味，可见其金贵。

西施舌，本港人俗称蛸壳，属瓣鳃软体动物，双壳贝类。两壳呈三角之状，较文蛤、四角蛤大，壳顶隆起，腹部圆形，壳表面黄褐而光亮，顶部为青紫色，本港人又称其为“公蛤子”。其肉粉红、扁平、鲜嫩，氽、炒、拌、炖，鲜美的味道都令人难忘。李时珍视其为“润肺腑、益精、补阴要药”，其对肺病、痰咳、气喘、耳鸣及妇科疾病，均有一定的疗效。在如东沿海，由于地处长江入海口，如东近海之水多为低盐水，水质淡润，且水面多波平浪静，水草丰茂，饵料丰富，最适合贝类生长，所产的西施舌质量绝对上乘。加之，西施舌数量不多，只有东凌一带有一些，更是物以稀为贵。所以一些文人雅士说：西施，美人！西施舌，美味！不吃则已，百吃不厌，以至乐不思蜀。其实，醉翁之意岂在酒？

西施舌的吃法很多，掘港的“西施出浴”和“爆炒西施舌”都很有名。一种是汤菜，配以蛋清、鲜奶、火腿以及猪油、精盐、黄酒等烹调而成，其色泽奶白，口味鲜嫩，爽滑上口；一种是炒菜，将西施舌用生姜、葱、料酒和开，配以木耳、荸荠、洋葱、青椒等爆炒，南黄海滩涂资源丰富，撇开鱼虾蟹类，单是贝类就多达50多个品种。除常见的各种蛤类外，海螺品种也很多，如相思螺、大海螺、泥螺等等，不一而足，其中醉泥螺为如东名特产品。

姑娘蟹

俗称黄（音“荒”）蟹，亦即梭子蟹，姑娘蟹实际上是梭子蟹在特定时期的一种叫法。人们之所以称它为姑娘蟹，缘于两个原因，一是因为黄蟹是抱籽期前的母蟹，二是每年春季首批黄蟹上市的时间在农历的二月初，恰逢民俗中的女儿节（农历二月初二），因此就有了姑娘蟹的雅称。

梭子蟹是南黄海近海的主要水产品种之一，生长于浅海域，洄游的区域不大，所以一年四季近海都有捕捞。20世纪80年代之前，由于梭子蟹的资源十分丰富，沿海渔民一年四季都能捕捞，取捕方式也多种多样。有深水里用拖网、流网捕捞的，有浅水用楞网、定置网捕捞的，还有涉水小取作业“捞蟹”的。由于产量多，所以梭子蟹是沿海群众的家常菜。蒸煮、鲜呛、蟹酱、醉蟹，一年四季变着花样吃。尽管如此，但黄蟹在一年中仅农历的二月和中秋节前后才有，因而身价较高。其中二月的黄蟹不仅数量多，而且个儿大（一般半斤左右，隔年生的也有一斤多的），黄多，肉肥，味道特别鲜美。

梭子蟹

文蛤

古人对文蛤发现与认识的最早记载也许是《周礼》与《国语》。《国语·晋九》认为“雀入于海为蛤，雉入于淮为蜃”。注云：小曰蛤，大曰蜃。皆介物，蚌类。《周礼·地官·掌蜃》有“共白盛之蜃”句。唐朝贾公彦疏曰：“蜃蛤在泥水之中，东莱人叉取以为灰，故以蛤灰为叉灰云也。”考古人员曾在古汉墓中发现文蛤之壳。可见文蛤很早就进入了人们的生活。但作为美味佳肴大啖之，似乎以北宋为盛。其时，不只是皇帝独擅其美，连王公贵族也能呼朋引类共品其鲜。

文蛤

宋朝名宰相王安石吃过进贡的文蛤（俗称“车螯”）曾写下赞咏诗：

车螯肉甚美，由美得烹燔。
壳以无味弃，弃之久能存。
予常怜其肉，柔弱等嚼吞。
又常怜其壳，有功不见论。
醉客快一暾，散投墙壁根。
宁能为收拾，待用讯医门。

欧阳修的《初食车螯》则描述了王公贵族品尝“来自海之涯”的“累累盘中蛤”的生动情景。为什么“坐客初未识，食之先叹嗟”，只因“此蛤今始至，其来何晚邪？”欧阳修最后写道：

璀璨壳如玉，斑斓点生花。
含浆不肯吐，得火遽已呀。
共食惟恐后，争先屡成哗。
但喜美无厌，岂思来甚遐。

梅尧臣的《永叔请赋车螯》也描摹了文蛤“素蜃紫锦背，浆味压蚶菜”的美妙。但最为奇妙的莫过于沈括记载的一则趣闻：

如今之北方人喜用麻油煎物，不问何物，皆用油煎。庆历中，群学士会于玉堂，使人置得生蛤蜊一篑，令饔人烹之，久且不至。客讶之，使人检视，则曰：“煎之已焦黑而尚未烂。”坐客莫不大笑。（《梦溪笔谈》卷二十四）

可见文蛤在有宋一代为人们的认识与利用在不断进步之中。累积既丰，才有后来李时珍《本草纲目》的更多认识。他在称誉文蛤美味的同时指出，文蛤其味咸、性冷、无毒，可滋润五脏，止消渴，开胃；治寒热引起的结胀、妇女瘀血，宜煮食；又能醒酒。其肉主解酒毒、消渴及痈肿，但不可多食。其壳主治疮痛肿毒，烧赤后，用醋浸两次为末，同甘草各等分，用酒送服，并用醋调匀敷用。还可消积块，解酒毒。

从啖其美味到用其药效，直至今天以滩涂踩踏文蛤作为南黄海旅游的金牌项目，以及文蛤壳被当作南黄海“雨花石”收藏等等，文蛤走进了人们生活的方方面面。但溯其源，探其流，肉味鲜美是人们钟爱文蛤的最重要的原因。从南黄海沿海各城镇熙熙攘攘的中心市场到偏远村头的小小摊点，你都能看见文蛤的身影；从老百姓餐桌上的家常便饭到酒楼饭店大宴宾客的盛馔，你都能尝到文蛤的美味。由于其富含脂肪、碳水化合物、多种维生素和无机盐类，文火煨汤，鲜美可口；急火爆炒，肉嫩汁鲜；就是其汁也是高级调味品，日常烧菜，只放少许便鲜香四溢。《中华名特风味小吃》所收录的“车螯烧卖”以鲜车螯（即文蛤）为主料，佐以萝卜、鲜猪瘦肉等，吃起来皮筋滑爽，清香味美；而以净文蛤肉制作的“文蛤饼”，金黄色泽，软嫩清香，味鲜异常，该书特别指出，“吃了文蛤饼，百味都失灵”。

难怪清朝乾隆皇帝第一次品尝到如此美味，便写下

“天下第一鲜”几个大字。相传他第一次南巡扬州时，扬州知府派专人采购文蛤，供乾隆品尝。吃尽人间美味的乾隆从未品尝到如此鲜美的佳肴，连连称赞“美哉美哉”，一时高兴，挥毫写下“天下第一鲜”几个大字，至今传为民间美谈。与此相媲美的则是唐朝段成式《酉阳杂俎》记载的一则“蛤像”趣闻，“相传隋帝嗜蛤，所食甚多，忽有一蛤，击之不破，帝异之，置于几上，夜放光芒，及明，肉自脱，中有一佛二菩萨像。帝悲悔，誓不食蛤。因于寺内建蛤像”。一食其肉称鲜美，一供蛤像放光辉，也算文蛤及其衍生文化的趣事。

《辞海》对“文蛤”这样介绍：蛤蜊（Mactra）也称“马珂”。双壳纲，蛤蜊科。壳卵圆形、三角形或长椭圆形，两壳相等，壳顶稍向前方凸出。壳面光滑或有同心环纹，有壳皮。左壳铰合部有“人”字形的主齿，右壳主齿多呈“八”字形。前后闭壳肌痕同大。斧足发达，无足丝。生活于浅海泥沙中。中国沿海常见的如四角蛤蜊（M. veneriformis）。肉味鲜美。

泥螺

状似蜗牛，壳白色，薄而脆，呈“Ω”状，光滑无纹路。泥螺生长在中潮带中部，退潮后便能看到。它行动缓慢，远远看去似动非动。慢虽慢，从没见它在爬行时停顿过。即使被装进器皿，稍作蜷缩后又伸展蜗行。南黄海滩涂广阔，港丫纵横，水质优良，是泥螺生长繁衍的优良场所，每年产鲜活泥螺有数千吨之多。泥螺分青沙泥螺和黄沙泥螺两种（亦说三种，一种介于两者之间的黄夹青泥螺）。青沙泥螺又称沙螺，生长于青沙滩涂；黄沙泥螺则产于黄沙滩涂。黄沙泥螺产于上，青沙泥螺产于下。两种泥螺的区别在于，黄沙泥螺壳背上映一道暗黄色，青沙泥螺却没有。一些商家为了以次充好，往往用黄粉涂在普通泥螺上，以充黄沙泥螺。

黄沙泥螺又叫油螺，其肉质厚且脆。如经冷藏或久贮，青沙泥螺的脆度大减，而黄沙泥螺则始终如一。浙江市场上黄螺、沙螺的价格差很大，同等规格的泥螺，青螺价格仅是黄螺的一半。泥螺几乎四季均有，只是冬季气温低，绝大多数“藏在深闺”，一旦气温升高便出来活动。

夏秋是泥螺活动的主要季节，也是捕获的最佳时期。其时仅需带上一只口袋或桶类器物，便可去海滩捡拾。拾泥螺是最省力、最简便、最有趣的拾海方式。捕文蛤需要踩、挖，捕鱼虾需要网具，唯有抓泥螺，无须渔本，且男女老少皆宜。

传统的食用泥螺的方式，跟本港人一样朴实。大体分咸食和鲜食两种。咸食分轻盐和重盐。用少量盐、酒、姜等炝制的泥螺称“纯鲜泥螺”，鲜味醇厚，但不宜久贮。用重盐腌制的泥螺，能久存但味道稍逊，食用时要用淡水浸泡去咸。

鲜食也有两种食法，一为猛火文炒，即锅要热，炒要快，三两铲子即装上桌。另一种食法为烫泥螺，把洗净的泥螺放在烧开的水中，烫的时间要短，烫得要均匀。烫熟后拌以各种佐料。炒泥螺和烫泥螺均需把握得当，炒烫得太老，螺肉不嫩不脆；火候不足，又有酸味。唯有不温不火，方为上品。

以上方式制作的泥螺，经常食用的人得心应手，可是不入门的人想品鲜，弄不好就是一口泥沙，使人望而生畏。近年有人用帐纱网铺放在咸水池里（盐田里），把鲜活泥螺倒于网上，任其排沙。在有风的情况下，仅需七八个小时，泥螺便把泥沙排出。微风或是无风，水中氧少，泥螺活力受抑，排沙过程则延长至12小时或更长。排掉泥沙的泥螺，无论是鲜食还是咸食，均优于没有排沙的泥螺。因为无食沙之顾虑，想饱口福但不会褪沙的食客，可毫无顾忌地大快朵颐。因而，吐沙泥螺深受广大消费者喜爱。

推沙鱼

此鱼为南黄海滩涂特产，因其生活在滩涂潮间带海水及咸淡水交混处，退潮时往往在浅水沙滩上跳跃前进如推沙状，故得名。又因其常在海面或匡河水面上随波逐浪，好似顽童在水上甩的瓦片一般连续跳跃，故本港人又称之为推浪鱼、趋浪鱼。推沙鱼为刺虾虎鱼属中的一种，北黄海渔民也有称之为沙光鱼的。

推沙鱼个体不大，成鱼大的也只二三十厘米长，历来均被归为小杂鱼一类。但推沙鱼肉质细嫩，味道鲜美，本港人一直对它另眼相看，奉为盘中珍品。

推沙鱼的吃法多种多样，可清蒸，可红烧，也可做汤。清蒸时，将洗净的鱼抹点盐凉上半小时左右，装盘先蒸上几分钟，滗掉汤水，放上姜、葱，浇上油、酒，重新放回锅里再蒸。清蒸推沙鱼清香鲜嫩，很是下饭。一般老百姓常将推沙鱼红烧，味道也很鲜美，鲜湛湛、肉嘟嘟的。因其肉嫩少刺，小孩尤喜欢吃它。过去，因为南黄海上品鱼多，红烧推沙鱼一般不登大雅之堂，不见客，只是家常佐餐。而当白汤推沙鱼被推上餐饮业后，则身价百倍，倍受食者青睐。

推沙鱼煨汤，此种做法堪称美食一绝。无论是将鱼跑油加汤还是先煎汤后下鱼，做出来的推沙鱼汤都像奶汁一样白嫩鲜美。装盆上桌的推沙鱼汤，首先映入食客眼帘的是碗面上那黄灿灿的汤，这标志性的美味诱惑得要命，可叫人直吊喉头咽吃唾沫，待到用匙儿舀了送到嘴边时，那股鲜味美劲儿简直无法形容——从嘴唇到食管、肠胃全教这汤给鲜透了。因此大凡到南黄海沿海品尝过推沙鱼汤的人，谁都会回味无穷，赞不绝口。而南黄海沿海稍有点名气的饭店，也都喜欢将这拿手的一道汤菜作为压轴戏，放在八碗八碟的最后再上。

推沙鱼以秋冬最为肥美，尤其是农历腊月和次年正月。到了农历二月，推沙鱼散籽后，养分大量消耗，几乎无肉可吃。民间谚语“正月推沙二月蛇，丢在路上无人拿”，就是讲到了二月，推沙鱼就大跌架子了。

推沙鱼不但味道鲜美、营养丰富，而且具药用功能。据《食物本草》载，推沙鱼“暖中益气，食之主壮阳道，健筋骨，行血脉”，有很强的滋补营养价值。推沙鱼为何有如此优良的肉质？想来除了擅长跳跃这一因素外，大概同它的嘴大贪食亦不无关系。推沙鱼有一种特有的习性，大凡能吃下去的小生命它都吃，沙蚕、紫菜、浮藻、小鱼虾，凡到嘴边，一概吞之。嘴泼生肥，故推沙鱼的蛋白质特别丰富，这就为其成美食一绝奠定了坚实的物质基础。然而凡事有利则有弊，推沙鱼嘴馋也为自己埋下了易上钩的隐患。你可听说过在匡河里可以不用鱼钩就能钓上推沙鱼来？如姜太公一样，只要在线竿上穿一条蚯蚓或沙蚕朝水里一沉，马上就会游来好多推沙鱼抢食。这时只需将线竿一拎，推沙鱼就会被甩上岸，有时一竿子会同时拎上好几条推沙鱼，你会为世上有如此傻乎乎的猎物惊叫、称奇不已。当然，市面上的推沙鱼不是靠直竿子垂钓而来，而是渔民在海滩上设置簏子或坛子网乘退潮之机捕上来的。

海蜇

又称水母，是一种伞状海水腔肠动物，雌雄异体，在半咸半淡、泥沙水质的水边飘游生活。它的体内有95%的水分，是目前已知含水分最多的动物。海蜇分沙蜇、明蜇两种。沙蜇体形肥大，但不光滑，呈黑疙瘩形，而且有毒；明蜇则外形美观、光洁透明，呈粉皮状，可供食用。鲜海蜇经腌制加工后，伞形部分叫海蜇皮，口腕部分叫海蜇头，是名贵的海产品。南黄海多出产明蜇，且以质优价廉取胜，出口量很大，是重要的海蜇生产基地。

每年6—8月是海蜇捕捞旺季。这时天热，水温高，加之海蜇含水特多，如不立即加工，很快就会变质。在漫长的生产实践中，南黄海渔民总结出鲜海蜇加工成“三矾海蜇”的几部曲。

海蜇

所谓“三矾海蜇”，就是用明矾和食盐腌渍三次，经洗、刷、冲、腌等一系列程序将鲜海蜇加工成优质盐渍海蜇。首先要处理原料，南方海蜇多沙，不易除去，因南方海滩多石英砂，易使海蜇被污染。南黄海滩涂为泥沙质，加之渔民特别当心，不使海蜇接触沙土，捕捞后将其放在干净的桶或池子里，防止被泥沙污染。加工时，先将头身分离，割颈、断片、刮去红衣。接着是初矾，按鲜海蜇体重0.2%~0.6%的比例，配制明矾，腌制两天，使鲜海蜇收敛、脱水。再按初矾蜇皮的重量，加盐12%~20%，加矾0.5%~0.8%，再腌制7~10天，进一步排除水分，这就是所谓“二矾一盐”。一般的加工者，能做到两矾就已经不错了。因为再加一矾，不仅耗费原料，也使海蜇重量进一步减轻，从经济效益上讲，就太划不来了。而如东的“三矾”海蜇，则还要在二矾的基础上按蜇皮重量加盐20%~30%，加矾0.2%~0.3%腌十天，其间要上下翻动。这样前后经三周左右，蜇皮水分至8%~10%左右，这时的海蜇只是鲜海蜇重量的7%~10%。最后是提干，使卤水成滴状为宜。据老辈讲，过去"三矾海蜇"能放在衣袋中带走，谓其干得透。

经过加工，上等的三矾海蜇皮，皮圆而完整，不破碎，直径在33厘米以上，色泽白或淡黄，带有光泽，无红衣、红点、泥点和异味，肉质韧而松脆。这种蜇皮为优质产品。

而海蜇头的加工则要费事些。首先要有一个浸泡的过程，然后再经过三次盐矾加工才能成为松脆爽口的食物。将鲜海蜇口腕部分放在海水中浸泡，27℃时泡约10小时，然后将蜇头拿在手中一撸，蜇头上的须子和白污、黏液都去掉。将蜇头冲洗干净，经三矾加工后，成品有白色、红褐色、淡黄色几种。过去人们喜食海蜇皮，现在则以海蜇头为贵，因为它更加脆嫩。

海蜇加工后，味道鲜美，口感清脆，有独特风味，是餐桌上的上等菜。海蜇一般以生食为主，将其洗净泡3~5小时，去咸味，用凉开水过后，控干，用味精、香油和芫荽等各种调料拌匀，或用萝卜丝、青豆籽拌海蜇，都是上桌的凉拌菜。如果要吃熟食，可将海蜇头一一撕开，和木耳、榨菜烧汤，名曰"海底松"；或用海蜇头与白木耳、火腿、绿花菜同炒，叫"炒珊瑚"，色、香、味俱佳，营养价值很高。海蜇除食用外，还有很高的药用价值，《本草纲目》上都有记载。现代医学认为，海蜇可治哮喘、慢性气管炎，可防高血压、胃溃疡、甲状腺肿大及滋阴清热、平肝息风。海蜇加工过程中提取的水母素具有抗癌、抑菌、抗病毒的作用，适合于肿瘤及感染者。民间也有偏方，若头痛不止，可将海蜇皮贴在太阳穴上。若贴在膝盖上，还可祛风湿止痛。

小鲨鱼干

小鲨鱼干指15公斤以下的鲨鱼（不包括2公斤以下的幼鲨鱼）制成的鱼干，其传统的加工方法是剖割腌制成干品，其加工方法如下：

剖割。鱼体表的泥沙等杂质被冲刷干净后，把鱼侧放在割鱼板上，头向人体，背脊左右，持刀沿脊骨左侧切入背部，贯通腹腔，紧贴脊骨推向尾根部，回刀切开头骨，但吻部不得切开，背鳍应留在脊骨左边（即刀的上面），并同时将鱼片展开，然后调转鱼尾向人体，在尾根处切断脊骨，再将刀插入脊骨下缘自尾部推切至头部，顺便将脊骨向两边翻开，最后在左右鳃部各切一刀，将头部完全展开，腹内壁的贴骨血用刀尖挑除。剖割时，刀口要正确、平滑，尾部要保持完整，割开后，要先摘鱼肝，再将其他内脏取出分放，待进行副产品加工。

腌渍。将割好的鱼片用清水冲刷干净，然后入池或缸内腌渍，层鱼层盐，最后一层加盖封顶盐，不需加压石，总用盐量为鱼片重的12%~15%。腌渍时间以3~4天为宜。夏季高温阴雨天，用盐量可适当增加。

出晒。经过腌渍的鱼片在出晒前要洗刷干净，含盐量高的要适当浸泡脱卤。晒时最好挂晒或架晒，先晒肉面，后晒皮面，当晒至六七成干时，收起垛压，整形并扩散水分，两天后重新出晒至全干为止。成品质量要求肉质坚硬，肉面光滑，色泽淡黄，剖割正确，刀口平直，鱼片板平，无残缺。用方筐或打捆用草片包装。

红烧鲨鱼干。鲨鱼干的皮也就是鲨鱼的鱼鳞一定要去干净，不然吃鱼和吃沙子几乎没什么区别了，去鲨鱼皮的方法比较特别，要先煮一锅水，然后把在清水里洗过的鲨鱼干放入其中略煮三五分钟，然后用牙刷把鲨鱼的鱼皮刷干净，一直到灰黑的鱼皮不见，露出鱼肉为止，然后准备好一斤五花肉，切方块，把肉先在油锅里炒一下熬出猪油，然后下鲨鱼共炒片刻，加入绍兴黄酒、老抽，加水加姜，煮开后小火焖半个小时即可，这时猪肉的味道和猪油被吸入鲨鱼肉，鲨鱼肉的味道也融入肉中，烧的时候不可忘记加老豆腐，冰冻过的更好，或油豆腐。但是注意要用沸水烫一下，因为鲨鱼的表皮有沙子，然后趁热的时候把沙子洗掉，再煎一下就可以了。也可以放点水蒸2~3个小时更好，因为不但干净，而且肉质也恢复得比较嫩。锅里放点油，可以依喜好放上点姜、蒜和其他调料。小鲨鱼干白烧煨汤也很好，汤如乳汁，鲜滑爽口。

赶小海归来

第六章 渔 俗

渔船进港

渔民分配方式

春汛分配

从春汛大生产的准备工作开始，所有船属工具、网具、船工的伙食等一切开支都是船主负担。黄花鱼取回来后，船主上船开秤卖鱼。船主开票（三联发票）收款，船老大或船员工会小组长称秤收票（二联），发票第三联随买鱼的作税票证明。船工负责鱼货出舱。

全船渔工按点分计算报酬。船老大的点分最高为2分；二老大为1.5分；船头2名，开网2名，每人各为1.2分；伙头（烧饭的）为1.2分；其他船工每人都是1分。例如全船18人，则全船点分为2+1.5+5×1.2+11×1=20.5分。

卖鱼的总收入凭发票根结算（老大或组长凭所收票据核实），按税率缴税后，船主得其中的60%，全船渔工得40%，按各人的点分计算后为各人所得，这叫作四六分成。

张方、张箍子分配

船主出船。船上的篷桅、力索、缆绳、锚掣等船属器具全部由船主负责。箍子或方等网具为渔民自己所有，自己负责。凡是张箍子或张方的渔民每人必备一纲箍子或一纲方，包括船老大。伙食由渔民自理：粮食、淡水、伙草都是渔民自带上船。每船大约20人左右，只配船老大，不配二老大，配船头2名，负责抛锚、起锚和测水，伙头一名。

渔民各人箍子或方所捕的鱼归各人所有，所以同船的渔民同一潮水所捕得的鱼货是不相等的，有多有少。一汛中，七潮水、八潮水这两天，随船主抽一天叫“解潮”，这一天的鱼、虾、蟹归船主所有。船主在“解潮”所得的鱼货中，返还20%给船老大和船头、伙头二次分配。其他各潮所得的鱼货归各人所有。

阻网、弶网分配

阻网、弶网、船和船属工具由船主负责。网具及网具的附件全部由渔民自备，伙食渔民自理，粮食、淡水和伙草自带。只配船老大、船头和伙头，不配二老大和舢板。凡是上船的人，每人一份网具，所有捕到的鱼归全船（包括船主）共同所有。一个捕捞期结束后再结账分配。船主得该期总收入的20%，其他渔民按网具每人一份得总收入的80%后再按人分配，不分船老大和船头。船主所得的20%中再提取20%返还给船老大、船头和伙头二次分配。这在当时叫作“二八解”、“二八倒”，船主实得总收入的16%。

在生产分配中，炊事员（本港称为伙头）参与二次分配的原因有两个。一是伙头参与船上的行船、捕鱼等作业的操作，并非专职炊事员，在比较清闲的时候才抽空烧饭。二是船进港后，其他的人都可以离船回家，伙头是不能离开的，他有看船的义务。看船的任务包括：根据风向、潮流随时改变锚位和松紧缆绳，确保船在港的安全。特别是春汛大生产后，有些大船就停港了，一直要等到第二年春汛的到来。在停泊期间该船就由伙头看管，船主只给饭吃，不给工资。所以在分配时伙头拿大份头。

海边养牛人

20世纪50年代初期，配合土地改革运动，部分拥有土地的船主被划为地主或富农成分，船只被没收，分给贫苦渔民（每户若干股）。未划为地主、富农成分的船主，按渔业资本家政策对待。合作化及人民公社化之后，所有船只以赎买方式收归集体所有，以年息5%付给船主本息，20年还清本金。渔民成为渔业工人，年终决算领取部分报酬，渔业收入除上缴国家外归生产队集体所有。

新时期改革开放以后，以船只为单位，实行生产承包责任制。逐渐富裕的渔民开始独资或合股造船，成为新船主，亲任或聘请船老大，雇佣船员，薪酬分配部分回归到传统分配方式，但多以货币结算。

船员生活

出海船员生活比较简单。全船约20人，分住在上翘和浪头两个船舱，伙头住在下翘的炊事舱，吃饭和睡觉服从于行船和捕鱼作业。船出海后，船工睡觉时都要有人值更（值班），一日三餐基本上是吃粗玉米糁子饭，也没有蔬菜。不烧开水，船员渴了就在水箱里用瓢舀上一些水喝。这种瓢是用杉木箍起的，有一个把子，本港人叫它“挽子”。船上只备有一口大锅。当取到鱼后，船员的生活就大大改善了。鱼是每餐都吃，吃的方法是蒸着吃。伙头拿来半筐鱼，把鱼头统统摘去，去鳞，用海水洗净，放上十几个钵子，把去头的鱼排放到各个钵子中，一律鱼尾巴朝下，靠着钵壁排放，中间留下一小块空间，另外用一个钵子倒上酱和油。拿一条鱼将酱和油调均匀，然后把这条鱼粘上酱和油在其他排好鱼的钵子里转一圈，顺次进行，这样所有钵子的鱼全部粘上了酱和油，再洒点盐。没有葱，没有姜，也没有蒜和其他调料。鱼钵子准备好了就开始煮饭，一口足足有三尺多的大锅，水开了就下粗玉米糁子，锅里翻腾着泡泡，就把这十几个鱼钵子插到热气腾腾的饭上，盖上大锅盖，继续烧煮。蒸汽弥漫，鱼香扑鼻，蒸半个小时，开饭了，两个人合吃一钵子鱼。这种刚从海里打上来的被称为“出水鲜”的鱼，其鲜嫩味美程度是陆上任何厨师、任何佐料也烹调不出来的。

20世纪计划经济时代，非农户口的渔业工人享受国家政策补贴，定量供应粮食，每人每月30多斤大米（有时折算成杂粮），以及若干斤煤炭，总体生活水平明显高于同地区农民。

因海上天气较陆上寒冷，船员每人均需备一件又厚又破的棉衣，本港人俗称“棉花褛（音络）”，夜间作业时赤膊穿上，腰间束上一条麻绳，以抵挡海风。

船员大多赤脚，仅在寒天套上一双草蒲鞋。这种草鞋以细蒲草编织，穿在脚上既保暖又轻便，且结实耐磨，不怕水浸，很受船员喜爱。

新时期以来，随着传统木船几乎全被大型铁皮渔轮取代，船员生产生活环境发生巨大变化，生产作业放网、起网大多机械化或半机械化，船员穿着防水防寒的工作服，戴着聚乙烯安全帽。渔船上配有卫星定位仪、无线对讲机、红外线探鱼器。在近海区域，实现移动通信信号覆盖，船员可使用手机，随时与家人联系。

祈神祭祀

钉喜钉

钉船

钉船（造船）选择黄道吉日开工，在木工将船底拼合好与安排大桅座的第一道大梁时，船主在船头摆香案，放鞭炮，鼓乐齐鸣。领作师傅此时手执斧头在横梁安装桅杆的方孔两边各钉一根大铁钉，称为“钉喜钉”。领作师傅（俗称大樯头）一边钉喜钉，一边高声说“歌子”，亦称说“富贵”：“天上金鸡叫，地下凤凰啼，今是黄道日，正是铺置时。”最后恭喜船主，满舱而归，财源茂盛，万事如意。

闭龙口

钉船上大肋时，船底的纵横两条中线与横板结合部称龙口。船主此时将预先到银铺订制的小银龙放在龙口上，封闭在木缝里，此为闭龙口。闭龙口时，船主焚斗香、放鞭炮、烧纸马利市。领作师傅说“歌子”。

上金头

整个船体结构完成，安装船头挡浪板，称为上金头。木工选用槐木或楠木（此二木象征福气）作金头用料，一图坚固耐用，二图吉祥顺遂。桑木虽更为坚固，但谐音不吉，忌用。金头上雕一对龙眼。龙眼上侧钉一根铁钉，俗称元宝钉。钉上挂一束红绿布条，俗称彩子。龙眼涂成白眸黑睛，领作师傅取一只打啼的活公鸡的冠血，用毛笔点于龙眼正中央，为之开光。船主烧香磕头，鞭炮鼓乐，一切如仪。因此仪式实为新船竣工，故最为隆重。开光之后，领作师傅腰束青布围裙，脚踏竹梯，一边从腰裙兜里掏出双鱼馒头、状元糕和铜钱向外抛撒，一边高声说“歌子”：

脚踏金梯步步高，
财神老爷把手招。
新钉宝船长八丈，
鲁班师傅开口笑。
满工正逢紫薇星，
合龙恰遇吉时到。

采得西山龙岗木，
选得东海龙官宝。
头舱是个聚宝盆，
中舱装的金元宝。
艄舱载的是金牛，
满船宝物金光耀。
……

随后，领作师傅给新船取名。

冠戴

新船竣工，择日进坞下水要举行冠戴庆贺。船头设香案，烧宝塔香，船主摆上茶、盐、米、面四碟供品，鼓乐鞭炮。船主拿出抛舱钱，装在笆斗里交给领作师傅。冠戴的高潮即为抛舱。领作师傅一手拿笆斗，一手抓钱，向船体各处撒去，边撒边说“歌子”：

一把金钱抛进舱，
马鲛鳓鱼尽船装。
二把金钱抛上梁，
金银财宝动斗量。
三把金钱抛上艄，
荣华富贵节节高。

领作师傅所说的“歌子”，海安籍著名语言学家魏建功先生曾考证为古代遗存之嘏辞，即祭者的祝福语。领作师傅说“歌子”以语言生动、嗓音敞亮、音调优美而为船主喜欢，多包喜钱。

供船模

新船首次出海，船主请领作师傅按原船样制作一只新船模型，写上船名，供于沿海庙内。

出海敬褚太尉

出海前，船主香烛纸马、熟猪头、熟鸡敬神。鸡头给船老大吃。猪头供在纸马利市前，求褚太尉指路保平安。船主宴请全体船员。酒毕，船主还要做米粉圆子给船员吃，称为顺风圆子。

祭船

船员上船后第一件事便是祭船。祭船用三牲，即猪头、公鸡、鲤鱼。猪头嘴巴里衔着一根猪尾，代表全猪。在船头贴符、挂红，燃香烛、放鞭炮。船老大行“照船礼”，在鞭炮声中，船老大把事先准备好的“财神把子”（即芦苇把子）点燃，先照自己双手及全身，再照每个船员，然后举着火把将所有船上物资照一遍，最后将船内、船外各个角落全部照遍，接着将剩下不多的火把扔到海里，边扔边说：“一切晦气给大老爷！”大老爷指大鲨鱼。鲨鱼是渔民最忌讳的凶鱼，晦气给了大老爷，渔船就平安无事了。“照船礼”实际上是船老大在出海之前对渔船各项准备工作进行的最后一次检查。祭船仪式结束后，供品由船员分吃，但那条猪尾巴一定要留给船老大吃，据说，猪尾巴是海中赶鱼的鞭子，船老大吃了，便可把鱼群往网中赶。

春节挂红

大年三十中午，全体船员汇聚船头，船老大燃起香烛，手捧三牲，面向大海，敬奉海龙王和天后娘娘、褚太尉。然后，船老大将公鸡杀了，把鸡血从船头一直洒到船尾，谓之挂红。

挂红结束后，全体船员吃同心酒。酒席上把敬神三牲做成菜肴，藉沾神灵之气以禳灾。吃过同心酒，船老大带领船员在船上贴春联。渔船上春联不同于陆上住家对联，大都是单联，内容也与陆上住家对联绝然不同。大桅上贴“大将军八面威风”，二桅上贴“二将军开路先锋”，艄桅上贴“三将军顺风相送”，四桅上贴“四将军满载而归”，五桅上贴“五将军五路财神”。在舵杆上贴“掌兵元帅”，在锚杆上贴“铁将军压阵”，在船两侧撬板上贴“左青龙”、“右白虎”。从桅杆顶端向船四角拉上五色彩旗带。桅顶树起彩幡与顺风旗，顺风旗上扎着一把芝麻秸，预祝来年日子如芝麻开花节节高。

满载会

春汛首航要做满载会。做会由当地僮子主持，先请船老大穿起长袍马褂，燃烛上香，叩拜龙王，然后举行“破膀”仪式。船老大卷起左袖，用右手举起僮子的长方形带环“圣刀”，将左臂划破，招呼众人来看兆相。如果出血是一点点地起泡，这叫“鱼泡”，是鱼货旺盛的丰收吉兆。若血流的印痕不长或流出分了岔，便称为“豁梢”，俗认为是歉收的征兆，马上要由僮子来做法事破解。

烧汛头

烧汛头一般春秋各一次，仪式较简单，仅烧香点烛，设供跪拜。

盂兰会

早春不出海时，有些船主还筹资延请僮子做一场盂兰会，以斋孤救赎在海难中去世的渔民。在海边空地搭起高台，挂起彩幡，由僮子跳神驱鬼，烧经发表。法事仪式结束后，僮子通夜演唱宝卷戏文，如《觅渔郎》、《耿七公》等，娱神娱人。

禁忌规矩

南黄海渔民长年海上作业，出入于惊涛骇浪之中，生命安全常悬于千钧一发之间。为求吉利平安，渔民对生产与生活的细节就特别注意和讲究，这些注意和讲究又与神灵崇拜糅合在一起，便形成了诸多的禁忌习俗。

1. 代称

钉船是渔民一生中最大一笔财产支出与固定资产投入，且直接关系到渔业生产的丰歉与日后的财富收入，故特别重视。所有钉船工具、材料均有含意吉祥的代称。斧子称为“代富”，凿子称为“锲子”，绳索称为“千金”，梯子称为“步步高”。木头节疤称为“顺遂”，榫茆称为“富子”等。

渔民生活中，一般代称有：谐音字回避，如帆称“篷”，帆布称“抹布”，饭称为“厚粥”，吃稀饭称为“平碗”，吃干饭称为“尖碗”，番芋称“地瓜”，因渔民最怕船翻，故忌翻字及其谐音。伞称“雨盖”、“拢子”，船主不能称老板，只能称“主家”，避船散“捞板”之忌。

不吉语回避。如物体放倒称为“小”，雾称为“挂帐子”，船下海称为“出海”，船靠港称为“收岸”、“拢港”，船舱渔货卸完称为“满了”，船舱盖板称为“平板”，盖舱板称为“满起来”。锅盖因有翻扣意思，代称为“捂气”。渔民如遇物件从上面掉下来，不管是否打到人，均要高喊“打到了！打到了！”，意为出海打到鱼。

2. 避讳

数字忌讳。清明前后，渔船择日出海，忌农历七、八两日，因七、八两日不吉。七谐音“气”，八则形同女人阴部。船家七日不出海，八日不回港，俗称“七不出，八不归”。十四、二十四亦为不吉数，同为不可出海日。根据渔船大小、出海远近及捕捞目标配备上船人数，多为9人、11人等，忌8人、10人、14人。如果船上人数为忌讳之数，则可带一只小动物如鸡、猫、狗随船出海，充当一人之数。如果顾及小动物上船麻烦，则以一顶帽子戴在船的千斤桩头上，也可算作一人。

忌三代同船。不允许祖孙三代同上一条船，即便船老大经验十分丰富，也不可以同自己兄弟、儿孙同船出海。因海上风险过大，避免全船覆没，灭门绝户。

生活细节。船员衣服补丁颜色要相近，补丁要方正，不能歪斜，此称“顺风顺水”。船上不能借东西。船上之物只准进不准出。船员上船很少洗脸洗脚，以节约淡水。船上一切残汤剩水，都不能倒入海中，要聚在缸中，带回陆地倒掉，这实际是保护海洋环境的一种很好的习俗。

船员平日伙食主菜，靠海吃海，当然以鱼为主，所谓“出水鲜”。出海第一次吃鱼，要由船老大拿到船头，向龙王、海神祷告，感谢神灵赐鱼给小民享用。吃饭时，鱼头朝向船老大，其他船员只能吃自己一边的菜，如伸到对面搛菜，称之“过河筷子”，船上忌讳“过河”，若发现有“过河筷子”，船老大要立即夺下船员手中筷子，扔到海里破灾。吃鱼时，上半面吃好了，拎去脊骨吃下半边，绝不能翻动鱼身。吃饭的碗、盛饭的盆都不许口朝下放。筷子不许横搁在碗上，以避“搁浅”。吃完饭，将筷子顺着甲板方向向前移动一下，称为“顺风顺水”。

船员不允许翻卷裤脚衣袖，天气再热，也不允许脱光衣服。从头上摘下草帽，也不能倒扣着放。不允许在船头或船两侧小便，须到后艄厕所方便。船员睡觉时，只能侧身睡，不能仰卧或俯卧。忌坐在船上双手抱腿，或两手托腮，也不能将双手握在背后。坐时两腿不挂舵。船员在船上不准赤脚，一般均穿蒲鞋。无论天气如何，都要带帽子，不能光头。腰间要系一根罗腰绳。不准在橹前打水。上下船均须从后舷处，不能从船头跨上船。船的右舷是下网、收网之处，称为财神门路，不允许堆放杂物，以免挡了财路，实际是一种严格的生产制度。

船头最大的铁锚称太平锚，平时不许动，只有在风大浪高处于危险时才抛下太平锚。船后有一只很大的竹编漏水大篮，称为太平篮，也只有在狂风恶浪时才把太平篮放下船后水中拦水，以减缓船身在风浪中的摇摆度。头舱有一把长柄大斧子，称为太平斧，在危急关头用它剁断锚缆、砍断桅杆。船中有一个不大的舱，称作太平舱，专装落水尸体。船在海上，船员目视前方，附近一切漂浮物都要视而不见，不准打捞。若有浮尸近船漂过，全船喊：“元宝！元宝！”如果遇到本地人的尸体，决定打捞要喊：“拾元宝！拾元宝！”捞上后放在太平舱内，用盐腌着运回。以上四件平日不但不能乱碰乱动，也不能说错话。

海子牛

第七章　渔　歌

南黄海渔歌包括渔号与民歌两部分。劳动创造艺术，独具艺术特色的南黄海渔民号子与整个南黄海渔业生产全过程融合为一体，相辅相生。南黄海传统渔业生产方式中渔民劳动强度极大，诸如升帆、起网等，均需人力而为，为了宣泄生理与心理上的压力，释放自己，娱乐自己，或为了凝聚众人力量，同心协力完成某道生产环节，或为了激发劳动热情，提高生产效率，乃至于为了协调船头、船尾各种操作岗位的动作一致，这种高亢的、富有鲜明的韵律感的号子便在渔业生产中自然产生。

花鼓

南黄海渔号种类繁多，有的高亢嘹亮，有的深情悠远，有的节奏明快，有的音节委婉，它演绎了多少代南黄海渔民的恩怨情仇，喜怒哀乐，反映了南黄海渔民热爱劳动，追求幸福的美好理想。随着渔业生产和捕捞作业的不断完善和程式化，南黄海渔号逐步形成了一套与劳作工序完全匹配的、十分完整的劳动号子，形象地反映了各种劳动的节奏、气势以及渔民齐心协力、不畏艰难的精神状态。

南黄海渔号共有对草、拢绳、起锚、牵篷、点水、摇橹、盘车、拉网、出舱、接潮等40多种，句式长短不一，歌词自由即兴，既有常年形成的程式性，亦有现实劳动中的创造性。

跳马夫

南黄海渔业生产的头道工序，应为各种捕捞渔具的准备，其中很重要的一种劳作，即为多种规格的缆绳、纲绳、扣绳的绞制。这些不同用途的绳索，一般均以苎麻或茅草为原料，在加工之前，需对苎麻、茅草进行“打草”，即将麻草砸烂软化，南黄海东部启海一带渔民称之为“对草”。同村人坐在一起，大家抡起木槌你一下我一下，敲打着经水浸泡过的苎麻、茅草，单调、枯燥的劳动在乐观开朗的渔民面前变得生动起来，“对草”号子便随口而出：“哼哇里格来，哼哇勺里格来，哼哇哼哇勺里来，哼哇哼哇左勺里来，哎——”对应打草的劳动节奏，对草号子比较舒缓，韵律优美，听起来像无词山歌，打草工序通常由一群渔村妇女完成，因此对草号子听起来错落有致，别有韵味。

草对好了，开始拢绳子，拢绳就有拢绳号子：“咳哟来呀，咳哟来，再！咳哟喂来呀，咳哼来……”绳拢好后再打捆，打捆有打捆号子：“哎吭来吭呀，吭吭来哎，哎呀，吭咿喂，吭哟……”

缆绳打好后，渔民们用牛车把网具装载上船，牛车在海滩上悠悠前行，赶车的嘴里哼唱着赶牛号子：“左——奥，左——驾哦……”鞭子一甩，人在牛上，牛在滩上，好一幅怡然自得的渔家生活景致。

渔船离港出海，首先起锚，因锚重及吨，起锚极费力气，需多人齐力完成。因而拔锚号子速度较慢，但显得很有力度，一人领，众人和。领：“哎嗬来！”和：“吭呀！”领：“哎左喂！”和：“哎嗬！”领：“哎呀嗬！”和：“哎嗬！”领：“幺喂衣！”和：“幺嗨！”领：“哎来！”和：“哎呀拉嗬！”领：“哎左！”和：“哎呀！”

铁锚离水后，开始升帆。同样为众人共同进行的重体力劳作。渔民俗称升帆为牵篷，渔号便转为牵篷号子。牵篷号子为合唱。“哎咳幺吭呀，哎里个上来幺，哎哎个上……”号子较长，因为合力将帆篷向上升牵，故整个号子发音重点落实在“上”字，其他均为衬词。号子中每喊出一个“上”字，帆篷即上升一个节点，直至满帆升至桅顶。因渔船出海根据风力大小与风向变化，一般要升起三帆乃至五帆，所以牵篷号子相继持续时间较长。

渔船从潮间带向深水处前进，由负责测水的渔民手持一根标有计量单位“节”的长竹竿，从船头探入海中，测量航道水深，并随时报告给掌舵的艄公，即船老大。南黄海渔民称之为“点水”。测水渔民用“点水号子”报告水深。

先是一长声“啊——哎！”提醒艄公注意，然后告知海水深度：“四十五节幺嘀……四十七节幺嘀嘀，嗨嘀……四十九节幺嘀嘀……四十八节嘀嘀，哎……五十二节幺嘀嘀……啊哎……”艄公随时以“啊哎”应和，表示听到了，并根据水深及时调整航向。点水号子曲调缓慢、婉转、悠长，韵味十足。

渔船进入渔场，开始捕捞作业，在整个生产过程中最关键、最艰苦也最让人兴奋的莫过于起网了，多少辛苦就为了此时的喜悦，一年的希望就在这个网里，丰收在即，快乐在即，所有的情感都融化在那激动人心的起网号子里了！领：“喔，喂喂衣哟——”和：“喂喂衣哟！”领：“喂喂上喂——”和：“哟喂上喂衣呀……”一人领唱，众口响应，雄壮有力，气势宏伟，穿透力极强！

网刚起出海面，渔民们从船上把事先扎好的竹排放到海里，有人下到竹排上辅助起网。此作业过程非常危险，动作稍有不协调便会排毁人亡。渔民们把竹排推到船头，此时打起上排号子。也是一领众和。领：“小头朝前接接拢咯！”合：“嗨嗨！”领：“要到头拦户哎！”合：“哼，吭！”领：“一同朝前一步咯！”合：“嗨嗨！”领：“兄弟们那得点力咯！”合：“嗨，吭！”说时迟，那时快，船老大看准风势浪头，舵一扳，把船头对准浪尖，船头冲上去，海浪立时把渔船推向半空，当渔船顺势落下来时，便将竹排一颠，连人带排扑向大海，稳稳地站在海面上。上排号子短促、壮胆、生力，气势十分壮观。上排工序在南黄海东部启海一带港口渔船使用较多，北部港口渔船多以小舢板船下水辅助放网、起网，一般由二老大操作。在风浪中摇橹驾驶小舢板很危险，也很费力气，因此有摇橹号子，也称舢板号子。

每当春汛，一网收起，网包爆满，重达数千斤，乃至万斤，此时就需借助盘车将网包起上舱面。渔民们齐力推动吃重异常的盘车，铿锵有力、节奏感很强的盘车号子便起了鼓劲、协力的作用。盘车号子亦为领唱合唱形式。领："哦哦山里唔幺！"合："唔唔！"领："山里唔幺！"合："喂喂！山里唔幺喂喂！山里唔幺唔唔山里喂！"领："真那个一个起呀！"合："嗨呀罗罗哦！"……

起网

每当渔船返港，所有渔民都来到海边，喜迎亲人归来。团圆的喜悦，丰收的欢乐，欢快的号子响彻整个渔港。接潮号子、出舱号子、吊货号子、挑鲜号子、拣鱼号子、卖鱼小调，商贩的报价声，渔民的欢笑声……一组美妙无比的渔港交响乐回荡在渔港上空。

南黄海渔号大致相同，各港口稍有区别。其中属于吴方言区的启东吕泗港渔号因为融入了一些吴地山歌音韵，相对更为出彩。

南黄海渔号植根于传统渔业生产方式，因为传统渔业生产方式工序繁多，因而南黄海渔号也有众多种类，有的高亢嘹亮，有的深情悠远；有的节奏明快，有的委婉欢畅，它与生产方式合拍，更与渔民精神交融，集生态性、完整性、音乐性、实用性于一体。

所谓生态性，即原生态情景。南黄海渔号表现的是一种即时填词、灵活多变的表演方式。在音乐旋律基本不变的情况下，演唱者可根据不同的场景、不同的感受随意编词填唱，从而完完全全地与生活、劳作融合在一起。

所谓完整性，南黄海渔号不是单独存在，而是一个整篇成章的民俗文化整体。南黄海渔号概略分为三个大的段落部分，分别为“出海、打鱼、归港”。“出海”部分有对草号子、拢绳号子、起锚号子、牵篷号子、点水号子等，“打鱼”部分有拉网号子、上排号子、盘车号子等，“归港”部分有接潮号子、出舱号子、吊货号子、挑鲜号子等。

所谓音乐性，南黄海渔号有别于其他生产方式所产生的劳动号子，它在演唱形式上和节奏处理上都注入了极为厚实的音乐灵魂。从音乐角度上分有男高音和女高音两种，从演唱形式上分有领唱、齐唱、对唱、独唱等多种形式。以“点水号子”为例，它是一个男声独唱，站在船头的测水渔民用高亢洪亮的男高音唱响点水号子，把相关测水数据准确地报给远在船尾舵位上的船老大。点水号子音高声远，余音久回，是整套南黄海渔号的经典所在。“接潮号子”，它是男女声对唱，它像山歌又不同于山歌，它用号子的音乐节奏和男女声对喊，把亲人之间、情侣之间等待的焦虑、团聚的喜悦淋漓尽致地表现出来，充分展现出了南黄海渔号的音乐魅力。

所谓实用性，是因为南黄海渔号子有着非物质文化服务于渔民物质生产活动的全过程，它和渔业生产中的其他客观物体一样，有着同样重要的生存意义，是渔民生产、生活中不可或缺的精神工具。

20世纪70年代末80年代初，南通地区行政公署文化局组织文化工作者曾对南黄海渔号进行过一次较大规模的抢救性收集整理工作，分别对海安、如东、通州、海门、启东等县市沿海地区渔民进行渔号演唱录音、记谱，并整理存档，及时保存了一整套南黄海渔号音像文字资料。在此基础上，油印内部出版了《南通地区民歌集》，其中收入标有曲谱的南黄海渔号40余首，成为珍贵的历史文化遗产。随着海洋渔业生产船具、网具的机械化、现代化，渔业生产方式的完全改变，南黄海渔号大部分已不复存在，成为历史的绝响。启东、如东、海安等地文化部门曾组织部分老渔民重新演唱南黄海渔号，成为舞台上的文艺节目，虽然在传承文化遗产上有一定作用，但与传统渔业生产方式完全剥离的表演性渔号已失去其本真意义。

南黄海渔号曾引起专业音乐工作者的注意。抗日战争期间，新四军一师政治部战地服务团作曲家沈亚威曾以南黄海渔号为音乐素材作曲。新中国成立后，沈亚威充满激情地回忆：

黄海边的天空辽阔而明媚，一片盐碱地上长着稀疏的蒿草，远望去，层层翠绿。人在草丛中穿行，惊飞起几只斑鸠。几枝树丫像张开着欢迎的双臂，也像合唱指挥者美妙的姿态，指挥着云飞风舞的自然景象。我们，一群年轻的文艺兵，走在前面的，仍然是小三子陈祥林，他和游龙两个人，背着一支小马枪，洋洋洒洒，确有那么一点先遣队员的架势。队伍穿过草丛小路，正走进黄海边的那个有名的渔村——弶港。临街的码头下面，是一望无际的大海，几条渔船停泊在那里，像列队的士兵，正等待去远征的命令。在沙滩上，俯卧着几条待修的渔船，渔民们有的在绞缆绳，有的在搬运下海物资，一阵阵号子声，此起彼伏，我赶紧用笔记了下来："哎依幺，哎依幺——"

词作家司徒扬此时也来到了海边，这次沈亚威并没有约他写些什么，可是一回到战地服务团驻地旧场（老坝港西边）一座小道观内的第二天，司徒扬就把一首题为《黄海渔民曲》的歌词交给了沈亚威。

歌词写得很优美，也很有豪情。沈亚威拿着纸和笔来到田头，只见遍野麦浪在春风中似海潮般起伏翻滚，使他联想起那忙碌的海滩，那嘹亮的号子声，那劳动者的手臂，以及即将远航去与海浪搏斗的渔船，乐思也就跟着这些联想在纸上飞驰，他把那纯朴的南黄海渔号的音形变得悠长而开阔：

潮汛吆，来了呀，
船儿呀，起来吧，
艄公呀嗨依吆，嗨依吆嗬，嗨依吆，
打起唿哨，
三月的风呀，嗨依吆嗬，嗨依吆，
吹向那深海中……

大约一天多时间，这首反映南黄海渔民战风浪、坚持渔业生产的抒情歌曲就完成了创作。经新四军一师服务团首唱，很快，《黄海渔民曲》便成了苏中抗日民主根据地青年中广泛流传的歌曲。令词曲作者都没有想到的是，这首以南黄海渔号为音乐素材的《黄海渔民曲》不知怎么竟然流传到了沦陷区的上海，在复旦大学校园内流传开来，在敌伪统治下，人们像欢迎一个带来春天信息的秘密使者那样来欢迎它。这是南黄海渔号曾经的荣耀一页。

南黄海民歌是沿海地区渔民在生产闲暇时候随口哼唱的小调类歌曲，特色在于所填歌词大部分与南黄海渔业生产相关，其中比较典型的有如东北坎一带渔村传唱的《十二月鱼鲜》，可称之为南黄海民歌的代表性作品，全部唱词基本把南黄海一年四季所出产的鱼类都概括出来："万里（的个）黄海（就）水（呀）连天（呀嘿哎）！我（的个）家住（呗）黄海边（呀哈啊）。一年（就）四季十二个月（啊），（哎呀哎呀哎来呀子咿呀呀的喂），月月鱼儿离水鲜（嗷）。"副词：

正月里龙灯鱼儿来报喜，
二月里刀鱼正当时。
三月里黄花鱼上了市，

红烧清炖随你的意。

四月里鳓鱼大眼睛，
五月里马鲛来当家。
六月里条鱼肥又大，
老酒拷拷乐哈哈！

七“金”八“板”九“箭头”，
十月鲻鱼像“铁头”。
十一月带鱼白如银，
十二月鲈鱼最出名。

要吃鲜鱼就把网开，
要吃的龙肉自下海，
渔户的雄心比海大，
金银财宝就捞日来。

《十二月鱼鲜》，唱词生动风趣，曲调优美流畅，很容易上口，一听就熟，一哼就会，很受沿海渔民喜爱，几乎人人会唱。20世纪50年代，江苏省歌舞团音乐家到南黄海采风，曾将这首《十二月鱼鲜》整理改编为江苏民歌，广为传唱。

小舢板

第八章　渔　村

吕泗港

南黄海渔村群落基本集中于沿海各港口周边。南黄海古港口从最南端大洋梢港（今启东吕泗大洋港）开始，依次为陈家丫港（今海门团结港）、川水洼港（今如东北坎）、长沙港（今北渔）、唐家墚港（今刘埠）、沙鱼洼港、环港、甜水港、林家墩（今栟茶）、南弶（今南港）、川港（今海安老坝港）、北弶（今东台弶港），再向北直至盐城响水陈家港。这些古港口一般均形成具有一定规模的海滨集镇。镇上商铺林立，除向外地批发销售海产品的大量渔行外，为渔业生产配套的各种生产资料店铺如竹木行、油漆店、铁匠铺等亦均齐全。此外则为一般集镇大致都有的生活服务型店铺如粮行、饭馆、客栈、浴室、钱庄、南北货、邮政代办所等。也有小学、诊所等公益性建筑设施。集镇建筑以砖瓦房为主，一些集镇建筑如掘港、栟茶、吕泗等地已有数百年历史，规模较大。

中洋珍稀鱼类养殖基地

南黄海沿海集镇比较典型的如60年前的长沙镇。据傅实先生回忆：长沙镇为东西向一条长街加南北向一条短街组成十字街结构，有店铺加住户100多家，东西约一里。镇中心为都天庙和关帝庙。每年5月18日是都天菩萨生日，有数千人来赶庙会，热闹非凡。镇东桥下有鲁家丫子直通海边潮头，即为长沙港，港汊宽约50米，水深2米，日夜两潮直涨到街背后500米宽的沙滩上。都天庙后有一个很宽的河塘，当地人称之为龙潭，有石涵洞，当地人称洞子口，建于清乾隆十二年（1747），大水年成开石涵洞放水排涝，经沙滩上流入长沙港入海。出镇即海，镇海相连，成为南黄海沿海集镇的主要特色。长沙镇在20世纪40年代有两家大船主，每家“盖”有4条海船。每年春汛出海打黄花鱼，夏汛出海张海蜇，秋汛出海捕大黄鱼，这三季是长沙港鱼市最兴旺的时节。此外每天日夜两潮，均有大批“海夫”下小海踩文蛤、钩鲜蛏、拾泥螺、捞猛网。这些“海夫”挑着“白路”海鲜，从镇东港汊上岸，进入长沙海鲜市场。外地贩鲜的小船将收购来的鱼虾海贝随即运往石港、南通等地。本港海船进港均停泊在镇东港汊内。也常有一些浙江宁波港的渔船来长沙港补给粮草淡水，或销售海货，因宁波渔船造型不同于南黄海渔船，船艄（船头）翘起，本港人称之为“宁波鸟儿”。还有一些山东海船来长沙港贩梨和干枣。

各港口较殷实富裕的船主（本港人称之为“盖”海船）一般均居住于集镇，居屋多为砖瓦房，并建有院落厢房，里人称之为“四合厢”或“三合厢”。也有一部分原是地主或富裕农民后来投资渔业者，仍居住于附近农村祖居园基地。

收入相对较高，经济条件稍好，但远不如船主富裕的船老大等渔民所居住屋，除少数人家为砖瓦房外，大部分为质量较高的草扑屋，因这种草扑屋两脊翘起，形似元宝，本港人称之为“元宝屋”。

草扑屋建造之前，先要取土垫高屋基，本港人称为“杠”墩子，备好茅草、芦帐、桁条、椽子等一应材料后，聘请师傅选择良辰吉日开工。建造时间一般选择在秋冬时节，因为此时天气冷，雨水少，温度低，盖屋的茅草不容易烂，使得盖上去的屋草越冻越结实。

建屋程序为先立柱，后上梁，最后铺椽盖草。建屋过程中亦有许多习俗。上梁开始，掌作师傅要说“富贵”，也称说“歌子”。木匠把屋梁先从地上抬高请到凳子上，掌作师傅一边端起酒杯向屋梁浇酒，一边朗声说道：“高粱美酒百味香，主人不曾吃，师傅不曾尝，一杯一杯浇在中梁上。”接着说唱“十杯酒歌”：“一杯酒，一品当朝；二杯酒，二仙传道；三杯酒，三元及第；四杯酒，四事如意；五杯酒，五子登科；六杯酒，六畜兴旺；七杯酒，七子团圆；八杯酒，八仙过海；九杯酒，九龙抢珠；十杯酒，十分财气。”梁到屋顶，等到主家请风水先生算好的上梁正时，掌作师傅又高声说唱：“脚踏金梯步步高，王母娘娘把手招，凤凰展翅把头调，主家上梁的时辰到，斗大的元宝往家撂。”此时鞭炮齐鸣，掌作师傅从屋梁上向围观众人抛撒馒头、糕点、铜钱。与周边苏北农村建屋上梁稍有不同的是，南黄海沿海渔村建屋上梁时辰，是根据本港潮水涨潮时间确定，涨潮谓之“涨财水”。上梁正时选在初潮时分，涨势猛，后劲足，取意旺财源源不断，滚滚而来。

与周边农村建屋上梁仪式一样，在屋架东西两根立柱顶部还要树起刚砍来的两根新鲜竹子，只留竹梢部分枝叶，在竹竿中部挂上竹筛，系以红绿布条，据说是象征神灵的巨掌，用以避邪。

渔村草扑屋

屋梁上好，椽子铺好并盖上一层芦苇帐笆后，草匠师傅上场。冬春季节，一大早就可见到几个草匠拎着“草扒儿”结伴而行，他们一律穿戴着破旧的衣帽，那是因为茅草里灰尘太多的缘故。一天忙下来，一个个灰头土脸的，“草匠衣衫没新旧”，无须讲究穿戴。

南黄海沿海渔村草扑屋区别于山东等地沿海地区渔村草屋的一个主要特征，是所盖屋草完全不同。山东等地沿海渔村草屋是用一种生长于海水中的藻类海草晒干所盖，而南黄海渔村草屋却是用沿海滩涂草荒田所产红茅草所盖。这些一望无际连绵数十里地的荒田红茅草有三个主要用途：一是供盐场灶户烧盐，消耗量很大。二是搓绳编织簏子，用于浅海潮间带张簏子捕鱼，或打成粗绳，埋在沙珩上结成绳扣固定张方网具。三为盖屋。这些草田均有主家，每到秋末冬初，准备建房渔民预先向草田主家订购若干亩草地，称之为“点草”，雇请草工用长柄大刀割草打捆，然后用牛车拉到渔村屋基堆垛备用。

草匠师傅一到工地，他们先将茅草用水淋透，然后“品草”：把湿茅草扎成一个个小捆，用“草扒儿”理顺后再用“扑板”反复地拍打，使每一捆的茅草根基部都成为大小划一、严严实实的“品”字形，然后扔上屋面，草头向里，草根朝外，解开铺平、堆盖在已经摊上一层胶泥的芦帐上。草把一捆紧压一捆，密密实实。有的人家还要加盖一层，称之为“两道檐”或“三道檐”，草面厚达2尺以上。草匠的好坏，就在于盖的房子是否“免漏”。他们都十分尽心的，生怕坏了名声，砸了饭碗。盖三间草房，总要七八个草匠起早贪黑、弯腰驼背干上两三天。完工后吃了“待匠酒”才收下工钱，结队回家。草扑屋的屋脊极为厚实，也很费茅草，压脊就是将成捆茅草一捆接一捆紧密压在一起，与瓦屋脊一样，也是从两头向中间堆压，最后在屋正中合龙。屋脊两端高高翘起，类似“元宝”的两只角，这两只角上还要用石灰浆厚厚涂刷一层，既为保护屋脊，也为美观装饰，不经意间成为南黄海渔村民居的一道独特景观。

草扑屋的墙壁分两种，资金稍宽裕的打土墙，挑土、夯土、打墙、铲墙，用工较多，但墙基厚达2尺的土墙坚实耐用，遮风挡雨，一般十年八年才需换一次墙土。一般人家则多用海滩芦苇编成帐笆作墙，外涂一层厚实泥浆，干后亦可遮挡风雨，但保暖程度较差，且容易朽坏。草扑屋一次用草量相当大，总要装几牛车之多，但却能住上十几年才需换草，是南黄海渔村中除少数砖瓦房之外较好的住屋，土墙扑屋，保温性能极佳，冬暖夏凉。

一般渔民家庭，则多住三间草屋，与草扑屋最大的区别在于屋面铺盖仅为薄薄一层乱草，用不起红茅草，只能以杂草或麦秆草铺盖，为防海风，需用草绳网或破旧渔网片罩住屋草，再加破缸片镇压。这种简陋草屋，一般两年就要换一次屋草。

生活贫困的渔民家庭，只能住一种结构最简单的草屋，本港人俗称“丁头虎”。“丁头虎”茅草屋是根据海风的方向设置的，基本为南北向，这样既可以挡住海风，又不受冬天西北风的侵扰，冬暖夏凉。“丁头虎”的宽度根据家庭经济能力、人口多少，一般有一丈六尺六、一丈四尺六、一丈三尺六、一丈二尺六等几种规格，但不管哪种规格，每一种规格里都含有“六”，寓意福禄双全，表示人们对美好生活的向往和憧憬。

“丁头虎”草屋通常为一明一暗两间屋，房顶铺盖茅草，用绳网罩住。墙为芦苇帐笆。大门向南开。屋后东侧为灶台，正中为饭桌，进深约3~5米，宽约3米。明间隔墙也是帐笆，西侧有小门通向卧室。

屋前有数丈平地，是全家主要活动场所，平地前为一片开阔地，是主人种口粮庄稼的地方，地尽头是一条小河。屋之东有鸡舍，东北有厕所和猪圈；屋之西有牛棚，牛棚后有仓库放干草和粮食；屋后五步外种一圈竹子，外圈种有许多大树，可挡部分海风。

“丁头虎”三字很形象，因其屋形态前后呈长条形，屋的顶端正中开门，如老虎嘴，整个房子恰似一只卧虎。20世纪40年代前，这种“丁头虎”草屋占整个南黄海沿海渔村约四成民居以上。20世纪50年代后期，“丁头虎”开始逐渐消失。草扑屋也于20世纪80年代初开始消失。

草扑屋

南黄海渔村一般成群居村落形式，从海安县老坝港向南，这些村落基本位于宋天圣三年（1024年）建成的范公堤（捍海堰）西侧。老坝港向北，如东台弶港等则多建于海边高墩之上。清雍正朝在范公堤四十总处向南新建一条海堤，与原范公堤形成人字状夹堤，俗称“夹捍堰”，一些渔民遂在“夹捍堰”内落户居住，形成村落。也有少数渔民出于种种原因，选择离群独居，将居屋建于一些孤立于海滩潮间带的高墩上，这些高墩俗称“潮墩子”，原为下小海者临时避潮之用，涨潮时墩子周边即为潮水所淹没。人们以这些居住者的姓为潮墩子命名，如林家墩子、吴家墩子等。

南黄海渔村与周边农村相比，最明显不同处是到处散置的一些渔业用具，如村头路边常见的高大的绞车、土灶、牛车以及各家门前屋后堆垛的渔网、缆绳、竹木等。绞车是打绳合股的重要工具，因打绳需要较大场地，因此多立于村头路边，成为渔村重要标志之一。

土灶就河塘岸坎挖成，架以特大铁锅，锅上加装巨大木桶，此为“血网”所用。渔网用麻丝织成后，为防止浸水腐烂，需以猪血染之，称之“血网”。将大量新鲜猪血装入大锅，加网染色，然后烧火隔水蒸煮，捞起摊在村头路边晾干。据说，“血”过的渔网因其特殊味道可以吸引鱼群。“血网”味道非常特殊，其腥臭味极其冲鼻，且经久不散，外地人距渔村几里地之外就能闻到。

渔村村头空场荒地上常常停放着一两部牛车,这也是南黄海沿海渔村的特色之一。这种高大的前低后高的牛车，是南黄海滩涂及潮间带的主要运输工具。

赶牛车

牛车车身及车轮均以桑柞等硬杂木料制成，车长4~5米，宽约2米多。一般为两轮，轮的直径约1米左右，大者1米以上。两轮牛车由一条水牛牵拉。也有更大些的四轮牛车，由两条或两条以上水牛牵拉前行。两轮牛车载重1吨左右，四轮牛车可载重1.5吨以上。架在牛脖子上的三角形木架，渔民称之为“格头”（牛鞅），系在“格头”两端的粗绳，称之为“麻凿”（麻绳）。在南黄海沿海滩涂荒径无路的条件下，牛车起到了其他运输工具不可替代的作用。由于水牛（亦称为海子牛）身壮力大，具有很强的拉力和耐力，牛车能走过坑坑洼洼的烂泥路，能穿过积淤成泥的草荡地，也能趟过潮间带落潮后的浅水港汊。渔村牛车的主要作用是渔船出港之前向港口拉运网具，渔船返港时接潮卸货。平常时日最大功能就是装运柴草，路程近的几里，远的要到几十里以外的大草荡。运回来的草差的留着烧锅，好的用来盖屋。特别是拉运盖屋茅草，因其草量特大，牛车是最佳也是唯一运草工具。从草田向牛车上装草虽说是粗活，但也要有技巧，装不好就装不高，或途中倾倒。装草又叫“码草”，通常两人搭手，先是把茅草捆好，大刀草（用长柄大刀站立扫割的茅草）正常一捆50~60斤，捆得好的一捆达到70斤，然后一人用钗子把草捆送到车上，1人在车上码草，码草是多数人不愿干的活，要求较高，大多数是赶牛车的人包揽下来。第一捆草先从牛车的前角放起，用脚踏实后，“勾”一把草用另一只脚踩住，再将第二捆草压在上面，正常一排5捆。第二捆放好后，再到牛车的后角放第五捆草，同样“勾”一把草后放第四捆，然后分别从第四捆和第二捆上各“勾”一把草，将第三捆压在上面。另一边重复上述码草的动作，两边的草捆排好压实后，再把中间空档压满。正常情况下，一部牛车装三层，每层三排15捆，共装45捆。但牛车前低后高，为保持行驶时前后的相对平衡，通常人们还要在牛车后面再码4~6捆，形成“前三后四”的格局。这样一车装下来大约49~51捆，载重约2500~3000斤。“勾”草是码草的关键，它使每捆之间构成了一种牵制力，不致让整堆草在颠簸的途中倾倒。最后一道程序，就是“箍草”，用“麻索”将整车草箍紧，先是对角箍两道，再顺着箍三道，最后横着箍两道。就这样一车草装好后，再四周查看一下，没事了，牛车就可“发脚”了。人民公社时期，生产大队除仓库外，牛车就是集体的大型资产。它还用来装运公粮交售，有时也拖运砖头等建筑材料。万一牛车轮陷入路边小沟或泥坑，那牛就要吃大苦了，主人吆喝着，并不停地挥动着鞭子加劲，再不行鞭子就抽到牛的身上，立马牛的背和股就会露出条条血印。

收获的喜悦

与牛车结伴而行的还有独轮车，是一种手推的独轮木质小车，由于此车“窄小，载客一鹿”，故史书上又以鹿车名之，本港人称之为“小车子”。独轮车亦以硬质木料制成，车架中部装一木轮，两侧供乘坐或装货，载重约两、三百斤。独轮着地，对道路宽窄要求不高，能在狭小道路上行走。起初，多见于沿海亭灶地区，用于运盐，一边各装一大蒲包盐，后渔村也使用较多，主要用于到港边接运渔民下小海白路作业获取的文蛤等贝类海鲜。文蛤等贝类分量较重，但体量不大，装在网袋内很适合用独轮车推运。独轮车的行走是人力推动的，有时行走在牛车道上，只能顺着牛车很深的辙印沟前行了，推车人既要左右平衡，又要掌握方向，很是吃力。牛车、独轮车毂和轴之间的运转主要靠机脚油或棉籽油来润滑。通常车主人在车上挂着一瓶备用的油。一旦听到“吱呀”声，就立刻上油。20世纪70年代，牛车、独轮车逐渐被手扶拖拉机替代。为了纪念牛车在南黄海渔业生产和渔民生活中曾经起过的巨大作用，弘扬海子牛吃苦耐劳的精神，如东县在县城掘港镇中心树立了一座“海子牛”花岗石雕塑。

海子牛雕塑

南黄海渔民衣着与周边农村农民有一些较明显区别，如出海时每人必穿的厚棉褛，即为渔民的特殊衣着。这种厚棉褛，似乎不知穿了多少年，破破烂烂，补丁叠补丁，好像也从来没有洗过，汗斑盐渍，油垢麻花，重达十几斤。外人靠近，一股刺鼻的鱼腥味，本港人称之为“棉花褛”。从伙头到船老大，人人都有一件，且不论春夏秋冬，只要在海上，一般不离身。也没有纽扣，拦腰用一根布条绳子一捆。白天当工作服穿，晚上睡觉时当被子盖。之所以称“棉花褛”，除内里原先确有棉花之外，主要是实在破烂不堪，类似“叫花子”所穿。渔民所穿裤子亦为大裤腰，俗称“幺二三”裤子，与农民所穿裤子不同处在裤脚管特别宽大，以便于下水时可快速卷至腰部。即便沾水，也不容易贴在身上，因海水盐分对人肌肤摩擦伤害较重。一般渔民踱深水港子，不论冬夏均脱去裤子，光身下水，也是防湿衣裤伤肤。

南黄海渔村妇女衣着与周边农村妇女的主要区别在头巾。海边风大，渔村妇女在村头港边补网拣货，为防风吹日晒，都喜欢用一条花毛巾扎头，年纪大的把毛巾下边两只角在脑后挽个结就行了，年青姑娘或少妇则用货郎担上换来的铁夹丝将花毛巾别在头发上，扎出花式来。另外所扎毛巾的花形色彩也是不同年龄段妇女有不同选择。20世纪50年代，一种颜色花型艳丽多彩的方巾开始流行起来，因其比毛巾要大几倍以上，既可当围巾围在颈间，也可当头巾扎在头上，立即受到沿海渔村妇女的喜爱与欢迎。方巾在很短的时间内便取代了毛巾，成为沿海渔村妇女的最爱，几乎人人都有一条方巾。从此南黄海渔村村头港边，红、黄、绿、蓝等艳丽多彩的方巾成为最美丽的风景。

南黄海渔民大多常年穿一双蒲鞋，这种蒲鞋比农民所穿的草鞋要好很多，较之一底两耳的简陋草鞋，蒲鞋基本类似普通方口布鞋造型，有底有帮有沿，除出海生产外，平常时日也可穿，不似草鞋那样寒酸。蒲鞋以一种生长在老田埂边上或河岸边上的芋草编织而成，这种多年生芋草生长缓慢，叶片细长，极具韧性，搓成细绳特别结实耐用，可惜产量很低，现在农田里已基本绝迹。蒲鞋既坚实耐穿，又不怕水浸，且柔软舒适，很受渔民喜爱。另有一种真正用水生蒲草编织的蒲鞋，较之芋草蒲鞋要差很多了，一般出海生产临时穿穿，穿坏即扔。

寒冬腊月，南黄海渔民拢港归家后，大多穿一种类似棉靴的高帮保暖型芦花草鞋，本港人俗称“茅窝儿”。芦花草鞋以稻草打成厚鞋底，鞋帮以芦苇花搓成花绳条编织而成。用黑芦花编织的为粗货，不需讲究。用白芦花编织的则在鞋口前加嵌彩色布条绳，使之更为美观和耐穿。还有一些更为讲究些的芦花草鞋，在芦花绳条内掺加一些染了红绿颜色的鸡毛，则既暖和又美观，特别受渔村妇女喜爱。芦花草鞋不是人人会打的，渔村里有擅长此技的老人，每到秋冬，都会打了芦花草鞋送人，或以极低的价钱到集市上售卖。芦花草鞋在穿前需在鞋口处缝以布条“沿口”，鞋底垫上旧棉絮，穿上后很暖和，一双芦花草鞋可以穿上一冬，给人感觉越穿越暖和。

沿海渔村地近港汊尾梢，低洼潮湿，渔村妇女多穿一种水板鞋，即在普通布鞋底下钉上一块与布鞋底同样尺寸的木板，木板一般厚约8毫米至1厘米，着泥一面刻上凹槽以防滑，中间锯断，便于行走。水板鞋也可当雨鞋，但要用桐油油两遍，才可防水。20世纪50年代，胶鞋流行之后，少有人再穿桐油水板雨鞋。相对笨重的水板布鞋也渐渐淡出人们生活。

南黄海渔民主食以杂粮为主，称为“粗粮”。每天早晚稀饭，中午干饭。干饭用大麦或玉米磨成颗粒相对较粗的粯子煮成。稀饭则为元麦、玉米磨成的相对较细的糁子熬煮，本港人称之“哚粥”。遇到荒歉年份或冬闲季节，多数渔民家庭在主食中加入胡萝卜、山芋、青菜、番瓜（南瓜）同煮以节粮。逢年过节或款待亲友，以粗粮兑换少许大米，在粯子饭旁“插饭”，以示尊重。20世纪50年代，上船渔民成为非农定量户口后，每人每月供应一部分大米，遂逐步改变渔民的主食习惯。

下饭小菜，自然是靠海吃海，但除船主、船老大等殷实人家能间或汛头尝新吃些较珍贵海鲜外，一般渔民但凡能卖钱的海产品均舍不得当家常菜。普通人家较好的中午下饭菜多是卖剩的小杂鱼，本港人俗称“鲓鱼”，一般为张簏子张方所获，有草叶子、小圆头、小八爪、黄鲫子等，白水烧汤，鱼汤极鲜。鲓鱼汤，粯子饭，南黄海渔家饭菜一绝。此外，圆头鱼（梅童鱼，俗称细眼睛）、黄鲫子等鳑鱼中稍大些的也可单独清蒸，味更鲜嫩。鳑鱼是南黄海海鲜中价格最贱的一种，20世纪80年代初，也仅几分钱一斤。夏季鳑鱼容易腐烂，周边农家多挑些回去沤烂用作玉米、水稻追肥，肥效又高又快，俗称“挑臭坎子”。

春汛黄花鱼上市，如鱼多价贱，一些稍富裕人家会买一些黄花鱼腌制咸鱼，晾在芦帘上稍干后，用加盐的草木灰裹起，层层码在陶坛里，涂泥封口，用于日常搁在饭锅上蒸熟待客，开锅时香味扑鼻。咸春鱼市面上没有卖的。

早晚粥菜，多为“蟹渣”。条件好些的人家用梭子蟹，大多为自家到海滩上捉的蟛蜞蟹。捉蟛蜞蟹多在傍晚或雨后，极有乐趣，渔家小儿很喜欢这项劳作，一人背一只口小肚大的竹篓子，沿着已退潮的港汊边寻找蟹洞。蟛蜞蟹很敏捷，要捉住它必须眼尖手快。晚间捉蟛蜞要好捉得多，用一只酒瓶做的风灯，蟛蜞一见灯光即围拢过来，一个晚上能捉一大篓子，这种捉法称为“照蟛蜞”。蟛蜞洗净，倒入陶罐内，加生姜、酒、盐，用木棍捣烂，盖上罐口，涂泥密封，约半月后即可开罐食用，生吃、炖熟均可。南黄海渔民长年以“蟹渣”作为咸菜。

繁忙的老坝港

除“蟹渣”外，“鱼冻豆”也是一道渔村稍富裕人家常吃的小菜。煮“鱼冻豆”一般选用一种很像蒲扇的鲦鱼，也有称锅盖鱼的，切块与黄豆同煮，盛入俗称“牛头缸”的绿陶缸内，任其冷却，一夜后，便“冻”成“鱼冻豆”，实际不是冻，而是鲦鱼的胶汁。“鱼冻豆”保存时间较长，吃时从绿陶缸内用小勺挖一点盛在小碗内。此外，“鱼卤麸”也是一些贫穷渔家的小菜，用船上腌鱼的卤水，滤清后和在麦面内，饭锅上蒸熟，早晚饭时夹一筷下粥。鱼卤煮青菜，不但菜容易烂，还有一股鱼香，同时也省了油盐。渔船进港，上船“挑鱼卤”也是渔村妇女的活计之一。

每年春汛，在近海潮间带“张篦子”总要张到一些小河豚鱼，因其外形像一只小香瓜，本港人即称之为“瓜儿鱼”。这些“瓜儿鱼”似乎还未长大，一般小皮球大小，大多混杂在一堆黄鲫子、草叶子等鲚鱼之间，妇女们在港边“捡货”时把它从中特别挑拣出来，并非是因其金贵，可以卖个好价钱，而是怕它有毒，不小心伤了人。最终结果，这些小“瓜儿鱼”大多倒了，或者沤成“臭坎子”做肥料。

于是在一旁玩耍的渔村儿童们便有了新的玩意儿，剥河豚鱼皮打电话。20世纪50年代，“楼上楼下，电灯电话”是人们向往的天堂般生活，故此，打电话便成为儿童游戏之一。

先找来一段约比铜钱略粗的竹竿，锯成揸把长两节，然后剥下河豚鱼皮，乘湿蒙在竹节一头。河豚鱼皮既厚实，又很坚韧，一般很难把它剥破。等蒙在竹节一面的河豚鱼皮干了，便绷得很紧，敲之如小鼓声。这时取一根长长的棉线，一般是用妇女们纳鞋底或“縢被子”的粗棉线，俗称“鞋针”线，从竹筒一头河豚鱼皮中间穿过，连接到另一节竹筒河豚鱼皮上，一架电话就做成了。这时两个小孩子就可以分隔两处“打电话”了。

电话内容自由发挥，大多数小孩子，第一句话总是“喂！喂！你是哪个？”待对方回答“我是某某某”之后，调皮孩子总是大喊一句对方名字，然后骂一声：“翘辫子！”

也有专为“打电话”编的儿歌：“一二三，摇机关。机关响，到新港。新港新，到南京……”那时的黑色胶木电话机都是要用摇把摇半天，才接通总机再转接外地的。新港是海安老坝港北边属东台的一个渔港。

很多人觉得竹节河豚鱼皮电话机很好玩也很神奇，它是怎么传达声音的？两个小孩相隔那么远，全靠一根棉线，对方的声音怎么能听得那么清楚？分明就如同在耳边说话！实际是因了紧绷的河豚鱼皮振动波传输的原理。

砗蛤（文蛤）壳也是渔村小孩子常玩的玩意之一，且玩法多种。

玩法之一：将一只中等大小砗蛤壳从中剖开，扳平，两边砗蛤壳中间各贴一张小红纸片，然后用棉线从中间蛤壳联结处打结，旋捻，玩时以双手拉动棉线，砗蛤壳便迅速旋转起来，两边红纸片形成一团红色，可以长时间旋转不停，并且上下运动，很是好看。

玩法之二：比砗蛤壳大小、坚实。孩子们平时留心收集较大、结实的砗蛤壳，比赛时，看谁的砗蛤壳大，并轮流以自己的砗蛤壳敲击对方砗蛤壳，被敲碎者输。比赛采取循环制，最终保持不碎者赢。这枚特大型砗蛤壳往往成为此时孩子们心中最羡慕之物。

玩法之三：不具有竞赛性，纯属自娱自乐。将一个完整的砗蛤壳，在背部凸出处磨出两个对穿小孔，含在嘴里吹，就能发出“呜呜”声，随着吹气的大小，声音能发生变化，形成简单的音节与旋律。这种砗蛤壳往往都选取花纹、色彩相对比较美丽的，使之成为一件漂亮的可赏玩的工艺品。

玩法之四：大多为五六岁幼童所玩，即“八大碗”。海边农家请客宴席，习惯以“八碗八碟”菜肴待客，俗称“八大碗”，又称“蛏领头”，即头道菜为名贵的竹蛏。小孩子都喜欢学大人样“办家家”。海边小孩子玩“办家家”得天独厚，有现成的“锅碗瓢盆”——砗蛤壳儿。大大小小的砗蛤壳儿便成了小孩子办“八大碗”家宴的最好玩具，管你办多少菜待客，不愁没有餐具可用。

砗蛤壳最具智力的游戏为下“五马”棋。两个在范公堤下打猪草的小伙伴，撂下草篮子，席地坐下，折一根树枝在地上画出类似米字格的棋盘，每人5个小砗蛤壳，一边朝上，一边朝下，分为黑白两方，沿着米字格一步一步走棋。当一方两只砗蛤壳夹住对方一只砗蛤壳时，便将对方吃掉，对方砗蛤壳便翻过来，成为胜方一员。如此反复，直至将对方最后一只砗蛤壳驱赶进入棋盘顶格，称为“夹马请动身”，对方无奈，终至进入顶格死地，宣告失败。这种游戏，最为十来岁孩子所青睐，常常一玩半天，忘了回家吃晚饭。

南黄海渔村儿童便在这些独具一格的玩具中一年一年长大，儿时的戏玩便成了温馨而甜蜜的记忆碎片。

洋口港

第九章 渔 人

南黄海渔村曾出过不少传奇性人物，20世纪40年代南黄海沿海渔民家喻户晓的孙尔富（孙尔富是其本名,大多数沿海渔民均称其为孙二富,或孙二虎，参加革命后改名孙仲明）算得上是最具传奇性的一个渔人。从“海巴子”（海匪）到“抗日英雄”，从“海上自卫队”到新四军“海防团”，从一个贫苦渔民成长为中国人民解放军海军高级指挥员，无数传奇故事流传在南黄海沿海渔村渔民中间。

孙尔富出生于一户贫苦渔民家庭，六七岁的时候，见别人出海可以挣钱，也提出要去赶小海挣钱。父母怕他年纪太小，会有危险。海边的人都知道，如果不熟悉潮水涨落时间，只要涨潮的潮头一出现，想跑都来不及了，许多赶小海的人都因此丧命。小尔富说跟着大人一起去，别人跑得出来他也能跑得出来。经过小尔富再三恳求，父母只好同意了。从此小尔富每天都去赶小海，捞到点鱼，钩到点蛏，就拿到市场去换点玉米面回来。觉得自己能为家里挣钱了，小尔富更加起劲，每天天不亮就起床，搬个小板凳站在灶台旁边自己煮玉米粥，喝过粥就坐在门口等待下海的大人们一起去赶海。

孙尔富14岁那年，父母送他到渔船上去当帮工（最低级别的船工），虽然工钱很少，但从此孙尔富不仅能吃饱饭，还有了固定的工作。每当收工后，他最高兴的事就是抓铁锚、爬桅杆和潜水。渔船上最小的铁锚大约有200斤左右，他一抬手就能举起来。久而久之练出了一副魁梧的身材和无人能比的潜水本领。一次，孙尔富一个猛子扎下去就不见了，大家在船上焦急地等待，以为他出了什么问题，准备去救助的时候，孙尔富从很远的地方冒出头来向船上打招呼，大家这才松了一口气，同时也惊叹他的潜水功夫了不得！渐渐地，孙尔富不仅学会了出海打鱼的本领，练出了潜水功夫，更让人惊叹的是他还改造发明了好多渔业生产用具。比如钩蛏用的钩子历来只有一个钩，他研究出了两个钩到三四个钩，大大提高了捕捞速度。孙尔富尽管年龄不大，但是得到大家的敬佩。因为小有名气了，有些穷苦渔民把孩子送到他那里学技术，也有不少年轻人向他靠拢。给孙尔富交学费也只是给点茶食，给点玉米面，甚至给点花生之类的东西就可以了，因为大家都是穷人，穷帮穷而已。

弶港有一个叫吴道生的船主，此人高高的个子，白净脸，文质彬彬。因其老婆喜抽大烟，所以吴道生的几条船全部用大烟枪的名字来命名。吴道生见孙尔富年轻能干，请孙尔富到他的船上去当“船老大”。于是年仅17岁的孙尔富带着徒弟们到“大烟枪”当起了“船老大”，这么小的“船老大”无论是弶港，还是在整个南黄海沿海地区都绝无仅有。从此孙尔富开始施展他从小练就的海上本领，能够很好地奉养家人了。由于徒弟多，孙尔富身边开始有人陪伴左右。

1933年，孙尔富结婚生子。女儿出生刚刚几天，正赶上春汛，孙尔富只好撇下娘儿俩出海打鱼。渔船进港，迎接渔船回来的不光是船主和船员的家属，更多的是鱼贩们。船一到岸，有的鱼贩就迫不及待地踏上船，讲起了价钱，有的干脆摘下手上的金戒指，直接包下整船的货，生意相当红火。孙尔富向吴道生提议，在码头搭个大棚，等船回来后，一是可以直接卖鱼，二是准备好水和食品，卸船后马上返回海里，继续作业。吴道生自然高兴，一切照办。这次孙尔富连续出海三趟，趟趟满载。但是，想不到的事情发生了。就在第三趟回来船即将靠岸时，突然急速驶过来一条大船，船上的人全副武装，不由分说上了孙尔富的船。只听来人说："今天我们来这里是要找一个叫孙二富的人。"孙尔富问找他有什么事，来人说："听说他年纪不大，能耐不小，我们老大想认识认识他。"这时，吴道生本来已经划着小舢板上了渔船，看到情况不妙又悄悄下船上了舢板，心想：糟了，碰到土匪了！来人又说："今天我们一不要船，二不要钱，只让孙二富跟我们走一趟！"孙尔富见来者不善，只好承认自己就是他们要找的人。那些人说："告诉船老板和他家里的人，就说我们把孙二富请走了。"于是把孙尔富推上了舢板，上了他们的船。至此，孙尔富经历了人生第一次刻骨铭心的磨炼。

孙尔富上船后被关在船舱内，船急速开走。直到第二天傍晚才把孙尔富放出来。孙尔富不知道这是什么地方。按照黑道的惯例，抓来的人上岸前要蒙着眼睛围着山道转几圈才能带到大堂见老大，为的是弄乱头脑，辨不清方向，也就逃不出去了。但这次却一反常规，直接把孙尔富带到一个灯火辉煌的地方。进了大堂，孙尔富看到大堂内外都站有侍卫，持枪荷弹，戒备森严。大堂中央端坐着一个人，身边还站着一个模样斯文的人，心想中间这位就是土匪首领了。这究竟是什么地方？他们把我抓来干什么？孙尔富正在暗想，首领说话了："你就是孙二富老大？"孙尔富答："是。"首领又说："你不要误会，我是请你来的。听说你海上功夫很好，收了那么多徒弟，八百里沿海都在传说你孙二富聪明啊！出海打鱼还趟趟满船，了不起啊！听说你不但爬桅杆爬得快，还会海底行走，是吗？"孙尔富未回答。首领又说："我这里也有几位功夫不错的，他们想和你比试比试。这样吧，明天你们就比比看。比三项，一是船的构造，二是潜水，三是爬桅杆。听说你没有文化，这位顾先生就负责教你这儿的规矩。他可是大学毕业的，是我的师傅,明天他就是教官。”转身又对顾先生说：“从今天起我就把他交给你了。”孙尔富无可奈何，但看这位顾先生面善，就跟着他回到住处。

经过交谈，原来这位顾先生不仅是大学生，而且是留学英国的留学生。当时的英国造船业踞世界前列，相当发达。顾之所以留学英国，目的就是学造船知识。没成想到当学成归来，轮船行到台湾海峡时，东海、南海的几股海匪联合起来拦截并抢掠了这艘客轮，顾就被掠到了这个海中荒岛上，落到了海匪手中。海匪知道顾是学造船的，为了让顾断了回家的念头，为自己服务，便使用了“断归法”！什么叫“断归法”？就是把人掳来之后，让海匪们到这个人的家乡去作案，烧杀抢掠，坏事做尽，并留下他的名字让家乡的人认为所有坏事都是他干的，对他恨之入骨。从此，该人就有家不敢回，只能安心在岛上当海匪。顾就是这样被逼留在了岛上与匪为伴。当见到孙尔富时，顾心里明白，他将和自己的命运一样，永远回不了家了，自然有一种同情心。晚上，顾先生介绍了第二天要考试的船的情况，并告诉他，这个海匪手下的人十分精明，让孙尔富留神。还告诉他，要爬的桅杆哪里毛糙，容易扎手，并给他准备了一副爬桅杆的手套，一切叮嘱完毕，两人才休息。第二天，比赛开始。第一关是讲该船的结构，由于事先有顾先生的点拨，加上是顾先生出的考题，孙尔富自然顺利通过。第二项是爬桅杆，孙尔富也顺利拿到第一。进行第三项潜水比赛时，孙尔富一头扎到水里就不见了，任凭上面吹哨，喊时间已到，就是没有动静。正当大家奇怪时，孙尔富慢慢地浮出水面。三项比赛孙尔富都取得了第一。事后顾先生问为什么要在海底待那么长时间，孙尔富说：“这个地方我不熟悉，既然来了我就要把底下的情况搞搞清楚，在海底转了一圈。”顾听了，觉得孙尔富真是个人才，所以就教他造船的知识，教他改船的技术。孙尔富后来有一手修改船速的本领，就是得益于顾先生。此后，孙尔富在岛上一待就是半年。家里人怎么样了？被抓时孩子尚未满月，娘儿俩怎么活下去？孙尔富无时无刻不惦记着家里，时常独自流泪。顾先生看在眼里，安慰孙尔富说：“你的水性那么好，总有一天你能逃出去的，别着急，要等机会，千万不要让他们发现你有情绪。”终于一天晚上，顾先生回到房间，高兴地对孙尔富说：“机会来了！明天有两条大船从上海方向过来，是空船，我们不去拦截，凭你的水性，想办法上大船，等到船行到赫家（地名），你再离开船，那里离弶港不远，你就可以回家了。”于是孙尔富在顾先生的指导下，决定连夜出逃。为了使舢板靠近大船时不发出响声，做了几个大草球，用以垫在大船和舢板之间；做了两套“铁爪”和“木爪”（用绳子往外一甩就能扒住东西的抓手），为的是孙尔富的舢板接近大船时，一甩就能牢牢扒住大船。一切准备妥当，孙尔富接过顾先生手中的干粮，跪别之后，顾先生含泪看着孙尔富上了舢板,离开了小岛,进入了黑漆漆的大海中。孙尔富按照顾先生指引的方向奋力划着舢板，到了主航道，恰巧那天风平浪静，否则小小的舢板是绝对搏不过海浪的，孙尔富心想，老天有眼啊。算计了一下时间，离大船到来估计还有一阵儿，已经疲惫不堪的孙尔富真想闭眼休息一下，但生怕错过了大船，丝毫不敢懈怠。躺在舢板上，瞪着眼睛仔细听着周围的动静，两只大船终于来了！孙尔富马上划起舢板，等大船来到时，绕到第二只船的后面，向大船尾部扔出了铁爪，使劲拽着绳子让舢板慢慢贴近了船尾，用草团等固定好舢板后，孙尔富扒住了大船的船帮，探起头仔细察看船上的动静。看到船尾只有一个掌舵的，周围没有其他人，估计都休息去了。孙尔富继续扒住船帮,踩着水，沿着船尾慢慢挪到船头，发现有两个人躺在甲板上的草垫子上睡觉，便悄悄爬上去，因实在太累了，倒在另一边闭上眼睛迷迷糊糊竟睡着了。不知过了多久，孙尔富听那边有人翻身的动静，猛然惊醒。因不知道这只船究竟是什么人的，万一又是哪方面的海匪，岂不是自投罗网吗？看看天快亮了，孙尔富下到水里扒着船帮,顺原路慢慢地回到小舢板上。这时，天已蒙蒙亮了，孙尔富注视着前方，突然，他发现远处出现了一块黑色的东西，根据判断，应该是陆地！按照顾先生所说，那里可能就是赫家了！赫家是海边的一个小渔村。天越来越亮，离赫家也越来越近，可以确定那就是赫家！孙尔富兴奋极了，赶快解下绳子，脱离了大船，待大船继续前行了一段后，便使劲划着舢板，靠近了赫家海边，跳下舢板，把小舢板拉到海滩上拴好，准备在赫家落脚休息之后，再回弶港，因为这里也有他的徒弟。

就在孙尔富往村里走时，迎面走来两个巡捕，见孙尔富模样憔悴，衣衫不整，便盘问孙尔富从哪里来，孙尔富答“从海上来。”“怎么来的？”“坐船来的。”“是什么船？从哪里来到哪里去？”“据说从上海来，去哪里不知道。”“你叫什么名字？”“孙尔富。”两人一听是孙二富，兴奋异常，说：“你就是孙二富？好哇，总算是找到你了！跟我们走吧。”说着，拿出手铐，铐上孙尔富就带走了。原来，孙尔富也被海匪使用了“断归法”。被掳期间，海匪到弶港一带做了很多坏事，每件坏事都留下孙二富的大名，激起了民愤，大家都认为孙二富真就是一个“海霸子”（海匪）。尤其是当地有个姓徐的绅士，被海匪割去了左耳朵，海匪临走时称自己是孙二富。海霸子孙二富抓到啦！群情激愤，大家奔走相告。政府自然要为民做主。在那个时期，极少有公审这种形式，但为了平民愤，当局决定召开公审大会，并号召村民可以带上钉耙、扁担到会场，以便公审之后把孙二富交给村民出气时用。

在弶港的孙尔富父母早就听说儿子当了海匪，说什么也不相信，但又不知道究竟是怎么回事，可现在要公审了，心急如焚，母亲不顾一切步行到公审大会现场。围观的人群中自然也有孙尔富的徒弟们，他们也都不知道发生了什么事情。公审开始了，法官在台上依照程序审问被捆绑在台下的孙尔富，当列举到孙尔富所犯下的罪行时，孙尔富才知道自己被"断归法"害惨了，便大声呼喊：冤枉！法官说："你还冤枉？人证物证俱全！徐绅士的耳朵是不是你割下的？还想抵赖！"孙尔富好生奇怪，我又不认识他,平白无故割人家的耳朵干什么!就拼命大喊："你说是我割了他的耳朵，那就让他来认认我，是不是我干的！"这时围观的群众中也有人喊："那就让他认认嘛！"其实徐绅士作为受害人也在台上坐着，只是离得远，看不清孙尔富的脸，也想去看一下。征得同意后，走下台来，围着孙尔富转来转去，孙尔富不知道他就是徐绅士，脑袋也随着徐转来转去，徐说你别动，让我好好认认你。孙尔富这才知道此人就是徐绅士，便说："你细细看看吧，你的耳朵是不是我割的？"徐看了一会儿，大声说:"不是他，割我耳朵的人两道眉毛一高一低，脸上还有个痣，一脸土匪相！肯定不是这个人！"这时人群开始喧哗了："别是抓错人了吧？"孙尔富又喊："你们说我还到处留下大名，可我大字不识，连自己的名字都不会写，怎么能留下名字？冤枉啊！"人群中有了解孙尔富的，更多的是他的徒弟们在喊："对啊，孙二富确实不识字，怎么留下名字？肯定有人栽赃！抓错人就放了吧！"台上的几个人嘀嘀咕咕合议了好一阵子，宣布："证据不足，孙二富无罪释放！"台下的人轰动了！一起冤案就这样水落石出！孙尔富得救了！

母亲扑到孙尔富身上号啕大哭，徒弟们一拥而上，架起孙尔富，离开了会场。孙尔富被抓期间，由于没有了劳动力，家里日子非常清苦。

一家人终于团聚了。船主吴道生又请孙尔富回到“大烟枪”继续当船老大。但当时由于海匪们经常到琼港及北边的蹲门、巴斗山等港口抢劫，烧毁渔村民房，渔民深受其害，苦不堪言。百姓们受害，船主们的日子也不好过。于是吴道生建议成立“渔民自卫队”。

孙尔富由于大半年都被困在海匪窝里，险些丧命，对海匪的恶劣行径深恶痛绝，所以赞同成立“渔民自卫队”。吴道生得到孙尔富的支持，立即召开了附近港口的船主大会，宣布成立“渔民自卫队”，并自荐当自卫队的副队长，由孙尔富当大队长。自卫队的经费最初是由各家船主以捐助形式出，但每家的捐助多少不均，有的船主确实拿不出钱来，所以自卫队建立一段时间之后，经费就成了问题。照这样下去，维持不了多久。经征求意见，有人出主意说，既然是渔民自己的自卫队，不如用“放旗子”的方式，就是渔船出海时向自卫队买小旗子，上面有自卫队的字号，有了这面小旗子出海打鱼就可以受到自卫队的保护。这样一来，自卫队有了收入，可以招兵买马，扩大队伍，渔民们也就安心出海了。事实上，自卫队在当地确实也起到了保护渔民的作用。但发展到后来，一些赶小海的渔民被逼迫也要去买旗子，或被自卫队“收沙珩”。

自卫队有严格的纪律和公平的分配制度。有了钱之后首先考虑的是买武器，如枪、子弹等等，剩下的钱才能分配。在自卫队是绝对平均主义，大队长、副队长与自卫队员们的“薪水”一样多。虽然大家同样清贫，但都有共同目标，就是打击海匪，保卫家园。所以人心齐，队伍不断扩大，发展很快，最多时有400多人。由于孙尔富从小与大海为伴，对琼港近海沙头、港汊、浅滩了如指掌，曾有一次遇到10多条海匪船，他将海匪船只从浅水引向深水，又从深水引向活沙浅滩，匪船在追击中不断搁浅，几个回合就被他打得晕头转向，最后缴获匪船一条，并将船上10多名为非作歹的海匪当即枪决。这一仗打得弶港渔民自卫队声威大震。沿海各股海匪在弶港附近海域再也站不住脚，有时闻听自卫队或孙尔富大名，便溜之大吉。自卫队由此成为南黄海沿海战斗力最强的海上武装，确立了“海上霸主”的地位。从此长江口以北，连云港往南，江苏境内八百里海防线上，自卫队连同孙尔富的大名一起家喻户晓。但不可否认的是，所谓“渔民自卫队”其实也是一支不折不扣的海匪队伍。所谓“放旗子”就是一种敲诈渔民的手段。除了“放旗子”之外，将原本属于公共资源的沿海滩涂潮间带强行划为一条条的“沙珩”，向在这些“沙珩”上下小海的渔民强行征收“沙珩税”，否则不允许生产，更是贫苦渔民痛恨之极的恶霸行径。

国民政府江苏省省长韩德勤为了维护沿海安全，命令军队派驻了一个小队驻守在弶港，队长叫王明众。王自己在部队，可其侄子却在当海匪。自卫队平日除了出海执行护卫任务外，一般都在空场上练习武功。一次大家正在练功，忽然接到通报，说一股不知从哪里冒出来的外洋海匪给弶港下了通牒，让弶港地方把他们要的东西准备好，否则就要清洗弶港！吴道生与孙尔富商量，这股海匪势力不小，如能拿下他们，自卫队又能扬名了。于是做好充分准备之后，由孙尔富带队主动出击，打了个大胜仗，俘虏了31个海匪。海匪作恶多端，当地群众人人憎恨，见到这么多活捉来的海匪，恨不能千刀万剐。自卫队为了平民心，将这31人全部杀掉，其中就有王明众的侄子。老百姓民心大快，可是自卫队从此和地方部队结上怨了，王明众率部队宣誓要与自卫队势不两立。这件事被国民党派驻泰州任苏皖游击部队总指挥的李明扬知道了，李对自卫队素有所闻，对孙尔富很好奇，于是派人把孙尔富找来，想看看这个敢和地方部队作对的是一个什么样的人。

孙尔富被请到了泰州。一见面，李明扬见孙尔富不仅高大魁梧，相貌堂堂，而且有一股豪侠之气。经过交谈，李认为孙尔富是个有用之才，便当即任命孙尔富为连长。他这个“连长”很有意思，可以任意进出总部，但总部却没有他的一兵一卒，他的日常工作仍然在海上自卫队，他的部下就是自卫队队员们。每当海匪骚扰或日军入侵，他都可以自主出击。当时李明扬的主意就是慢慢地将自卫队收编。这段时间孙尔富大大小小打过不少胜仗，名声越传越远。日伪军也不敢对自卫队贸然行动。

1940年，新四军渡江东进抗日，建立华中抗日民主根据地。苏中地区是华中大门，历来是兵家必争之地。苏中一些大的城镇被日伪军集中兵力占领，如果一些公路、运河等交通线被切断，根据地也就有可能被国民党、日伪军以及海匪所分割。由于当时新四军没有条件建立海上武装，新四军面临“背海作战”的形势。为了把握主动权，必须建立一支海上武装，控制占领南黄海沿海制海权，使南黄海成为新四军的大后方，并且打通与上海、浙江、山东等地的联系。在新四军江北总指挥部陈毅、粟裕的指挥下，陶勇率部东进，开辟南通、如皋、海门、启东根据地，建立了苏中四分区，地委及司令部驻扎于沙家庄，陶勇兼任分区司令员。苏中四分区决定对南黄海大小游杂武装开展工作，积极进行收编、改造工作。而四分区司令部驻地正是孙尔富的地盘。

孙尔富此时还未把新四军陶勇部放在眼里，依然像往日一样带领“自卫队”靠港上岸，到沿海渔村强行征收所谓“沙珩税”，在何家灶与四分区部队偶遇，结果“自卫队”被四分区部队击溃，孙尔富被活捉。

孙尔富被押到分区司令部，陶勇司令员一面命令松绑，一面严肃地教育、开导孙尔富，希望他弃邪归正，与新四军一起抗日，只要他调转枪口，过去老账可以不算。孙尔富将信将疑，表示只要新四军饶他这一次，他绝不做不利于新四军的事情。陶勇立即下令将孙尔富与其部下释放。孙尔富没有想到陶勇司令这么果断爽快，感动得连连拱手道谢，说："司令如此看得起我，我一定跟着司令好好干！"当即承诺决心率部收编，但也说明"自卫队"的人、枪、船实际主人是吴道生，他必须征得吴道生的同意，可以负责做其工作，一道投奔新四军。陶勇问道："此话当真？"孙尔富立即发誓："决无反悔！"陶勇说道："只要你自己下定了决心就好办，可以先把人马带过来，成立一个特务营，归海防团建制。我写封信给你带给吴道生，督促吴道生与你一起走上抗日道路。"

会谈至此，陶勇司令员命令将孙尔富被缴获的驳壳枪交还，礼送回港。

未过几天，孙尔富派人给四分区司令部送信，说吴道生的船停在附近老坝港，请陶勇司令前去谈判。

到情况尚不明朗的"海匪"船上去谈判，具有相当的危险性，四分区地委与刘先胜政委都极不放心，准备派一个连护送陶勇司令。陶勇认为去一个连不解决问题，力量在于党的政策，决定仅带海防团团长朱坚以及几名警卫员前往。

陶勇如约纵马来到海边，因事先孙尔富不知陶勇司令是否会亲自来与吴道生谈判，因此并未告知吴道生，如果贸然上船，恐会发生误会。朱坚提议先让他和孙尔富上船，动员吴道生上岸来谈。陶勇同意。到了船上，孙尔富把朱坚介绍给吴道生，并说："陶司令就在岸上，想和你谈谈怎样联合抗日。"吴道生推说："大队长，你和他们谈吧，你做主好啦！"孙尔富为难地说道："吴老板，陶司令来的目的就是想和你亲自当面谈谈，你不去不好吧？"

朱坚此时提醒吴道生："吴老板，你的自卫队在此地活动，我们今后相遇的机会很多，从团结抗日的大局出发，能同意收编更好，不愿收编，为今后打算，还是上岸谈谈好！"

为了消除吴道生的疑虑，朱坚主动提出，由他留在船上，吴老板发生什么意外，拿他是问。吴道生的部下听朱坚讲得有道理，纷纷鼓动吴道生上岸谈判。吴道生终于下船上岸。

陶勇司令根据地委商定的原则向吴道生明确提出：所有苏中南黄海地带的私人武装一律要听候收编为抗日武装；拒绝收编的要退出南黄海渔场，不得伤害渔民，不得依附日伪。

谈判结果，孙尔富率“渔民自卫队”200余人正式接受新四军收编，组建苏中海防团第二团。吴道生对新四军政策还有疑虑，但愿意遵守第二个方案，即受编不受调，他自己不上岸，不担任正职。

孙尔富在陶勇的引导下，加入了新四军，并改名孙仲明，任新四军一师三旅苏中海防团二团团长。陶勇司令创建的苏中海防团是我军第一支海上武装力量。

参加新四军之后的孙尔富，在指挥作战方面显现出了过人的智慧和能力，战斗故事也是家喻户晓。“丰利之战”就是孙尔富非常得意的一战。此时新四军苏中军区司令部驻扎在丰利刘家园。忽然得到情报，说是日军要以强大兵力从海上与陆上两路夹击，与我军抢夺丰利。陶勇权衡了我军兵力和所处地形，考虑到军区司令部的安全之后，决定撤出丰利。孙尔富主动求战，提出由海防二团迎战日军。由于他谙熟丰利地形和沿海情况，决定采用迂回作战方案，声东击西，使日军海上部队晕头转向，将日军引至岸边后我军再形成一个包围圈，狠狠打击。孙尔富手下有一员猛将，是与孙尔富从小一起练功的兄弟陈维高，练得一手好枪法，每次作战他都是冲在最前沿，这次也不例外，一枪就把冲在最前面的日本鬼子撂倒了。后来听说此人是日军赫赫有名的杀手洞庭芳。日本军规，阵亡将士都要带回去安葬。但此时战场混乱，面对我军的火力围攻，突围日军无法将洞庭芳尸体带回去了，决定架火焚烧。这时不知是谁喊了一声“孙二虎来啦！”日军扔下洞庭芳尸体赶紧溃逃。日军这一仗惨败之后，很久都不敢到丰利来侵扰。当地老百姓盛传：孙尔富把日本鬼子赶跑了，还烧死一个洞庭芳！因日本人喊“孙二富”时口齿不清将“富”喊成“虎”，所以孙尔富又有了个名字“孙二虎”。

孙尔富参加新四军之后，曾有过一次“反复”。陶勇司令员去盐城党校学习期间，经常要回部队看看。有一次孙尔富和陶勇洗完澡从澡堂出来，边走边聊，这时从旁边闪出一人递给孙尔富一封信转身就跑了。孙尔富目不识丁，因与陶勇是把兄弟，二人无话不说，所以顺手就把信交给了陶勇，意思是让陶勇替他看信。陶勇打开信一看，脸色突变，顺手把信放到自己口袋里。孙尔富不知怎么回事，问什么事，陶只回答“没什么”就匆忙回到司令部。对此事孙尔富不但没有往心里去，更没有问信的内容，以为信中确实也没什么。

陶勇将信交给了苏中军区司令员粟裕后就回了党校。粟裕看了信之后，立即召开了党委会，就信的内容，党委会认为“此人（指孙尔富）不可靠”。随后，孙尔富便再一次经历了一场意想不到的劫难，这场劫难让他身心倍受煎熬！可后来，这场劫难除了让孙尔富在革命的路途中得到了刻骨铭心的锻炼之外，还得以用另一种形式为党、为新四军立了大功。这次挽救孙尔富并委以重任的还是陶勇。

党委会做出决定后采取了秘密行动。乘孙尔富和陈维高外出之机，通知孙尔富的部队（其部队仍以自卫队队员为主）到广场集合，说是补充装备。大家一听无不兴奋，更新枪支是他们梦寐以求的事情，所以很快集合完毕。这时，传出命令：除孙仲明和其警卫外，所有来人所携带的武器一律收缴！大家一下愣住了，再看周围已经架上了机枪！这才意识到情况有变，这哪里是发新武器啊，分明是缴械嘛！一下乱了阵营，大家纷纷哭喊，不愿意放下枪支，因为这些枪都是自己拼了性命从日伪军和各股海匪手里夺过来的。有的甚至说："共产党不能这样对待我们啊！"他们不知道，这完全是一场误会造成的，其根源就是那封信。这是一封什么样的信呢？是一封对孙尔富的策反信，内容是：一番称兄道弟之后说，你的知名度那么大，在海上呼风唤雨，一呼百应。现在你接受了共产党新四军的收编，那又怎样呢？武器装备不还是缺这少那的？凭你的本事完全可以独霸天下。如果不接受新四军收编，自己独立，今后我们愿意给你提供武器装备。来信者是东南沿海最强悍的海匪袁国祥。可以想象，这封信在新四军苏中军区领导核心曾引起多大的震惊，采取措施也在情理之中。只可惜孙尔富自己不识字，才造成了这样一个局面。而这时的孙尔富却什么都不知道，正和陈维高等一行人在返回部队的路上。被缴械的人有偷偷跑出来的，找到孙尔富后就哭诉了刚刚发生的事。孙尔富一下惊呆了，怎么回事？难道新四军收编我是假，灭我是真？可为什么对我亲如兄弟，还放心让我去指挥战斗？突变的情况让孙尔富百思不解，苦闷至极。思前想后，孙尔富决定离开新四军苏中海防团。

孙尔富离开海防团的事情被吴道生知道了，吴道生本来就对孙尔富归属新四军有看法，孙尔富去新四军之后，他去了启东回龙镇继续当船主。吴道生派人出海找到了孙尔富，将他接到了回龙镇。孙尔富由于精神、身体都遭受了严重打击，一病不起。慢慢地了解了事情的原委之后，觉得十分委屈。吴道生劝他投靠伪军旅长陈茂清，并说陈在长沙镇已经替孙尔富安排好了一切，包括从弶港接来了他的家属。孙尔富这才感到事情越来越复杂。但出于慎重，拒绝了吴道生的建议。考虑到自己身边没有一个有文化的人不行，于是经人介绍找到了当时在海安工作的戴时先生。戴时见孙尔富整日心事重重，愁眉不展，很是着急，便找来了朋友王月英。王月英出生在铁匠家庭，生得娇小玲珑，虽不富有，但受过教育，有文化。出嫁一年之后其夫去世，目前守寡。因王月英是个热血青年，经常与有志之士共同做些抗日宣传，与戴关系很好。戴时把孙尔富的情况向王月英进行了介绍，希望王月英去照顾孙尔富并开导他，以便明确日后的方向。王月英出于对孙尔富的同情，一口答应。从此孙尔富身边多了一位能照顾其生活起居的女性。王月英知道孙尔富一家人被陈茂清软禁之后，很着急，因为她知道，这个伪旅长陈茂清是赫赫有名的青帮，之所以将孙尔富家人软禁，无非是让孙尔富就范加入青帮，这是万万不能的！情急之下，王月英以孙尔富的名义给陈茂清写了一封信，内容大致是：茂清兄台，已知你把我全家老小都接到掘港去了，不胜感谢！希望你保证他们的安全，否则我会以牙还牙云云。送给戴时过目后念给孙尔富听。孙尔富很是激动，他想不到王月英这样一个小女子竟然有这么大的胸襟和智慧，说出了他想说的话。所以将王月英当作了知己。陈茂清收到信之后，觉得孙尔富这个人确实不好对付，但又不知道孙到底是怎么想的，所以对其一家老小自然是不敢怠慢。

此后不久，陶勇从盐城党校毕业回来，听说了这件事，心中很是不安。当时海边形势严峻，我军海上通道几乎全无。而孙尔富无论过去还是现在，影响很大，也可以说无论是共产党还是国民党，还是日伪军，谁得到孙尔富谁就能得到南黄海沿海。各股势力一直在盯着孙尔富的动向，如果这时我们这样对待他，等于把他推向了敌方！于是陶勇向粟裕等军区领导人提出建议，寻找孙尔富，鼓励他继续革命。得到批准后，陶勇亲自在启东找到了孙尔富，向孙尔富致歉，并说："你的家属都被青帮骗去软禁了，你没有去投靠他，组织上很信任你。下一步你打算怎么办？"孙尔富说道："我现在变成了这样子，是风箱里的老鼠，两头不是人，我的部下都埋怨我走错了路，入错了门，可日伪军那里我是坚决不会去的，我是有良心的中国人，我恨日本人！你们对我不信任，我有什么办法！”经过一番长谈，孙尔富慢慢解除了心中的憋闷。这时陶勇说：“既然陈茂清已经把你的家人都安顿好了，你不妨就过去吧。”看着孙尔富不解的眼神，陶勇笑了，说：“你到那里去摸清陈茂清的情况，你在里面，我在外面，咱们里外结合，将陈的行动全部掌控在咱们手里。”孙尔富明白了，这是要他深入敌人窠臼做地下工作！那颗心一下子又激荡起来。一切委屈怨恨全无！陶勇叮嘱孙尔富，到了那里一定要想办法把家属分散转移出来，以防万一。孙尔富接受了新的任务，立即带着王月英去了掘港。对孙尔富的到来，陈茂清自然很高兴，立马给孙尔富封了个团长。

孙尔富没有辜负陶勇司令的希望，当他真正控制了伪军一个团的武装之后，便以“我们还是海上生活最好”为借口，率领所部在北坎反正，再次接受新四军的收编。陶勇司令亲自到收编部队讲话。孙尔富的再次反正对整个南黄海海匪武装影响很大，此后在不长的时间内，新四军苏中海防团先后收编海匪800余人，枪400余支，海船200余条。加上原四分区吴福海任团长的海防一团骨干力量，苏中军区成立了海防纵队，陶勇亲自兼任纵队司令，并委派了一批政治工作人员。直至抗日战争胜利结束，整个南黄海沿海近海区域均为我苏中海防纵队控制。日伪军及长江口多股海匪武装进犯骚扰均被我海防纵队击溃。

苏中海防纵队于1949年4月上升为新建立的中国人民解放军海军部队。孙仲明（尔富）任中国人民解放军海军某部团长。

在抗日战争与解放战争中，南黄海渔村中有许多渔民参加了革命，不少渔民隐姓埋名，做着鲜为人知的秘密工作。1941年9月，新四军一师驻防南黄海百里海滩，一师师部和苏中区党政军领导机关在这里指挥着全苏中的抗日斗争。因为苏中海防团的建立，在南黄海沿海我军拥有了300多艘能航海、能搁滩、能抗风的木质帆船以及数百辆小车和50多辆牛车，更拥有沿海滩涂幽深的草滩、浓密的芦苇、交错的港口等天然隐蔽优势。新四军一师充分利用这一优势，在台东蹲门港海滩上组建起规模很大的野战医院，并与附近的笆斗山兵工厂、弶港印刷厂、被服厂以及设在海船上的华中银行，形成了整个苏中根据地的后勤保障体系。为了确保海上军运船只的安全，粟裕司令员曾多次亲自乘坐顾雍海的那艘"咸菜瓢儿"出海摸海情、探水路，绘制南下北上的水路图。20世纪50年代，一部名为《51号兵站》的电影风靡一时，这部电影就是以新四军一师在南黄海建立的军需物资采购供应站为原型拍摄的。

"51号兵站"在弶港的公开名称叫作"江海运输公司"，并雇用"铁叉船"、"顾家船"、"周家船"、"三合厢"等10余艘渔船。这些渔船以装运出海渔业所需的麻丝、桐油、铁钉、石灰等作掩护，为苏中根据地输运着药品、炸药、汽油、枪支弹药、无缝钢管等重要的军需物资。

1943年秋，新四军一师军需科科长张渭清等同志，奉苏中财政处之命，去上海采购通信器材和无缝钢管等军需物资。张渭清通过苏北半龙港洪帮"老头子"潘海鹏介绍，以商人身份，来到设在黄浦江边的宝丰渔行，成为该渔行的"小老板"（代理人）。新四军一师采购物资的秘密联络点便在宝丰渔行隐蔽了下来。至此，"江海运输公司"的十几条渔船便从上海源源不断地向苏中根据地运送棉布、纸张、药品、生铁、钢管等大量军需物资，有力地支持了敌后武装斗争，支持了抗日战争的胜利。驾驶这些船只的船工全部是南黄海渔民，他们曾多次在海上和长江口遭遇日军汽艇，发生战斗。南黄海渔民在中华民族解放史册上也书写了光辉的一页。

第十章 垦 殖

围垦合龙

晋葛洪《神仙传》："麻姑自云，已三见东海桑田。"日落日出，星月转移，南黄海滩涂潮间带亦已发生沧桑之变。18世纪中叶，黄河改道，入海口大量泥沙堆积，与长江入海口沉积泥沙南北汇合，南黄海沿海潮间带开始淤浅，海潮线渐次东移。20世纪50年代之后，沿海各县市相继进行大规模围海垦殖，倏忽几十年间，海岸线急速东去数十公里。自长江口以北启东、海门、通州、如东、海安、东台、大丰直至滨海、响水，大量沿海滩涂被人工围垦，成为粮田、林场与养殖基地。大丰、盐城区段沿海滩涂成为国家级麋鹿与丹顶鹤自然保护区。

围垦合龙

南黄海沿海滩涂垦殖时间最长、围海面积最大者为如东县。如东县境域成沿海南北狭长带状，因此海岸线长达104公里。自20世纪50年代以来，多次大规模围海造田，迄今围垦面积已接近全县原有陆地面积，几乎是靠数十万围垦民工的大锹、泥担，再造了一个新如东。

早在古代，如东先民便知道滩涂资源的使用价值，开始“辟我草莱”。据清《如皋县志·如皋县全境分区图》所绘，古捍海堰以马塘南花市街为中心，东西横枕在马塘东南部，再从花市街向南至曹家埠，折弯向西南，至通州石港界，形成一个大大的丁字形。在这个丁字形内就有小型围垦，匡围面积在150担左右，1担等于10亩，即1500亩左右。这段捍海堰据旧《如皋县志》载，是唐大历年间（766~779），黜涉使李承实担任淮南节度使时，为了捍御海潮，在这一带组织民工修筑的。由于筑堰开支的银两都是朝廷拨付的，故百姓称之为“皇岸”。又因筑堰后农民可以放心地垦殖耕牧，农田受益，百姓又称其为“常丰堰”。

北宋天圣元年（1023），范仲淹监西溪盐仓时，目睹挡潮堤堰久废不治，“风潮泛滥，淪（淹）没田产，毁坏灶亭”，庄稼失收，饿殍遍野，便将社情民意呈折给江淮制置发运副使张纶，奏报朝廷请求批准修筑捍海堰。天圣二年，朝廷准奏，委派范仲淹主持筑堰。他征集并亲率通泰等地民夫4万余人开工修堤。时值隆冬，风雪交加，怪潮袭人，“兵夫散走，旋泞而死者百余人”，工程十分艰巨。原先反对筑堤的谗臣借机参范，亏得朝廷派来督查此事的两淮转运使胡令仪支持范仲淹的修堤主张，事情方有转机。但经如此曲折延误，加之施工中常遇大风大雨，难方险工不断，开溜民工增多，范公吃尽千辛万苦。一直拖至天圣六年春，从庙湾场至栟茶场的海堤方才筑成。新堤底宽9.2米，顶宽3.1米，高4.6米，长79公里，犹如一条巨龙屹立在黄海之滨。有了这道新堤，沿海百姓才有了一条生路。1600多户灶民恢复生产，3000余户逃亡乡民返回家园。据《江苏省两千年洪涝旱潮灾害年表》载，从北宋天圣七年（1029）至宣和元年（1119）的90多年中，泰东沿海很少再受海潮倒灌之灾，农业和制盐业呈现兴旺景象。后人为缅怀范仲淹的功绩，遂将这条捍海堰称为“范公堤”。

南宋乾道七年（1171），泰州知州徐子寅采取“议请置盐场官分治其境”的办法，兴工修筑了从栟茶北乡旧场向东经洋口、环港、长沙到掘港，再从掘港向西南直至花子街以西六里许古岸头的百里堤岸。徐子寅修建这段堤岸主要目的是防止海溢，堤内滩涂多为灶民支灶烧盐，仅有零星的垦殖。当时人们称为“徐公堤”。因各段主筑者皆为当地盐官等地方官吏，百姓沿用习惯叫法，统称之“皇岸”。又由于这段长堤系北宋范公堤的东延，后人也都称为“范公堤”。

宋代海堤从长度上看已具相当规模，但由于如东南部当时系长江的支泓——古横江所在地，故海堤至此便无法再修而留有缺口。到明代中叶以后，古横江下游逐渐淤浅。明穆宗隆庆三年（1569），通州盐判包柽芳奏请朝廷批准，从花子街至石港修筑了一段捍海大堤，北与皇岸相接，史称“包公堤”。至此，范公堤贯通如东全境，包公堤填补了宋代海堤的缺口——彭家缺，有效避免了海水倒灌，加速了三余湾的淤长。包柽芳在堤成之后，还按朝廷旨意，实行御潮和造田两结合，在堤内“招徕无籍游民垦荒，官给耕牛种子，以垦田多少作为赏罚标准”；在堤外则鼓励“灶民煎盐，作为己工，永不起科”。以此为发端，如东沿海兴起了真正意义上的匡围垦殖事业。

牛车

清初，范公堤日久倾圮，水患不绝。维扬太守施世纶发动官吏及富户捐金修堤，后人将其修过的堤岸称为“施公堤”。随着堤外滩涂的淤长，兴灶烧盐之风日盛，至乾隆四十一年（1776）达到最高峰。盐业的兴旺，吸引了四方游民纷纷来到如东沿海煎盐为生，出现了“烟火三百里，灶煎满天星”的火热场面。到清朝中叶，海岸逐渐外移，尤以东部为最，已大体与当今海堤岸线相近。栟茶小洋口一带潮位高、潮差大，海潮常常漫溢，虽有范公堤，但年久失修，不能捍御风潮。清雍正十二年（1734），河道总督嵇曾筠上奏朝廷，在范公堤内侧三四里许重新修建了一道夹堤，东起小洋口，西至四十总，长约5350余丈，形如长弓半壁，有效抵御了海潮的袭击。而堤内堤外，形成了茂密的草荡，客观上为盐民私垦提供了更加便利的条件。

1902年，南通实业家、清末状元张謇创办了“通海垦牧公司”，按照“必水土平而后稼穑兴，稼穑兴而后衣食足”的思路，在沿海实施废灶兴垦的新举措，鼓励匡围垦殖，扶持垦牧事业，提高生产效益。张謇对匡围垦殖的配套建设有完整规划，并具规模。1916年新筑九门闸至十贯，并由十贯向北至现观通站的挡潮海堤。垦区内河道做到大河、匡河、横河、泯沟四级配套。遥望港、丁店河、兵房港、东凌港为垦区敞口排水河道，匡河与大河的交汇处均建有涵洞，安上闸门，排涝和挡潮两得其便。两匡河之间筑土路一条，后人称马路，以便交通。纵向土路又称“贯”，由东向西，依次排列，“贯”间距离约为二里半。所围之地，格田成方，以匡、排、挑均匀划分，每挑田约为25亩。据1924年前后统计，大豫公司年产籽棉16万担，豆、麦、玉米2.2万担、盐20万担，织布机1400台，蜂群60箱，猪500头、牛500头、羊600只、鸡1万只。

经过数十年艰辛建设，张謇继通海垦牧公司之后又先后创办大豫、大赉等多家垦牧公司，纵贯启东、海门、通州、如东、海安、东台、大丰直至阜宁整个南黄海沿海地区。“范公堤外张公垦，饱腹心心十万家”。这不仅使当时沉寂荒凉的海滨荒滩迅速改观，呈现出一派粮棉丰收、人丁兴旺的景象，也为以后的垦殖业的繁荣打下了坚实基础。在张謇的影响和通海垦牧公司的示范效应下，自1915年起，张詧、邵铭之、陈仪、吴寄尘、张佩年、许泽初、周孝怀、韩国钧等著名士绅也纷纷投资兴垦。几年间，南起启东吕泗，北至海州南陈港之间700里，总面积9000平方公里的广阔海滨区域内，先后成立70余家垦牧公司。

新中国成立以后，围海造田、开发滩涂成南通沿海各县的一项重要工作。

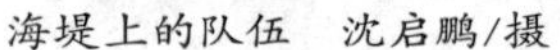
海堤上的队伍　沈启鹏/摄

围海的大军　沈启鹏/摄

以如东县为例，1951年，如东县成立北坎围垦办事处，动员组织1.4万名民工在北坎盐灶滩涂修筑了一条全长7公里的海堤，动土123万立方米，围滩1.8万亩，拉开了新中国历史上大规模围海造田的序幕。

1958年，如东县政府组织数万民工进行了2.5万亩如东盐场围垦。

1959年，如皋县政府为兴办如皋盐场，经省政府批准在如东县丰利以北围垦滩涂3.1万亩（1962年后划归如东，成立洋口农场）。

1969年，是如东县围海造田史上成就最大的一年。这年冬天，县政府动员了近8万民工在环东和栟北两地同时开展围垦，筑堤总长25.4公里，分别围垦土地3万亩和4.6万亩，并在围堤完成后一鼓作气进行了新垦区的水利设施配套建设，组织内陆农民到垦区安家垦殖，一举向大海索取了相当于两个乡镇大小的土地。

1971年、1973年、1974年、1981年和1992年，如东县政府又分别组织民工进行了环港、掘东、王家潭、北坎、东凌和盐场新滩等六次大面积的围垦，筑堤总长57.7公里，匡围总面积达13.6万亩，为全市、全省的土地动态平衡做出了贡献。

1995年，如东县政府组织的凌洋围垦，是进入改革开放新时期的一次富有创新意义的围垦。这不仅因为其被列为江苏省“九五”期间百万亩滩涂开发的启动工程，还在于这次围垦首次通过市场化运作，实施了投资主体多元化和施工建设机械化。在如东县历史上第一次引进县外资金和民间资本投入商品化用途的滩涂围垦，第一次全线使用挖掘机堆土和泥浆泵吹填，从根本上改变了过去千军万马搞人海战役式围垦的历史，共筑堤11公里，围垦土地3.5万亩，开创了如东围垦史上适应市场经济新情况进行大规模开发的全新机制。

围垦工棚

进入21世纪，如东县又进行了七次大型围垦。

2001年12月开始的一期洋北围垦，这一围垦战胜了深达负10米的港槽施工难题，筑堤总长8.7公里，匡围面积1.6万亩。

2003年11月18日至2005年3月4日，洋北二期围垦，堤线位置：洋口外闸西堤角接凌洋围垦东北角堤。这一围垦工程难度之大，令人无法想象，创下了如东围垦史上克难攻坚之最：战胜了深达负16米的极深港槽，筑堤总长3.5公里，匡围面积2万亩。洋北的这两期围垦，催生了洋口外闸、国家一级渔港、化工园区、黄海旅游景区和新兴沿海城镇的建设，带来了小洋口地区的率先发展和繁荣。

2003年11月18日至2004年8月20日，洋口港临港工业区一期围垦，堤线位置：洋口大道北头与北坎新海堤交界处，绕堤外滩接卫海老堤卫海二大队处；2009年10月至2010年10月洋口港临港工业区的二期围垦，堤线位置：洋口港临港工业区一期围垦堤东北角转向东转弯向南接新北坎海堤，筑堤总长14.28公里，匡围面积3万亩，一、二期工程合并形成30平方公里的工业用地，为如东人民梦圆东方大港迈出了坚实的一步。

2006年11月13日至2007年8月15日，环北垦区围垦，堤线位置：洋口外闸东北角向东、接环东围垦四岸角。堤长：9.668公里，匡围面积：2.83万亩。

2007年1月24日至2007年8月15日，豫东垦区围垦，堤线位置：东凌围堤东南角北，绕东凌堤外滩接东凌南堤，堤长：13.351公里，匡围面积：3.2万亩；2007年6月18日至2007年10月30日的掘苴新闸垦区围垦，堤线位置：王家潭堤西北角接环东闸北堤。堤长：2.212公里，匡围面积：0.3万亩。

2008年11月至2009年7月，东安新闸垦区围垦，堤线位置：东凌外滩围垦新四号闸，绕外滩折向南转至新盐场下海路，堤长：10.53公里，匡围面积：3万亩；2008年11月至2009年7月的掘苴垦区围垦，堤线位置：掘苴新闸西500米向北再向西至化工园区，堤长：12.347公里，匡围面积：3.4万亩。

2009年11月至2010年3月，方凌垦区围垦，堤线位置：海安县北陵垦区外滩等与如东县栟北垦区堤外滩涂至新北凌闸下游。堤长：13.066公里，匡围面积：3.75万亩。

沧海夺田（国画）　沈启鹏/作

砥柱中流（国画）　沈启鹏/作

至此，新中国成立后如东县境内共进行了近20次大规模的围海造田活动，新筑海堤长度近200公里，新增工农业生产用地50余万亩。对如东长久发展影响最大的是在围垦工程基础上建成了洋口港。洋口港已正式接泊万吨级货轮，成为沿海重要深水港口之一。

整个南黄海沿海海岸线最短者为海安县，因此海安县围垦规模与面积均为南黄海沿海县市最小。但在仅10公里左右的海岸线上同样进行了多次围垦，可以作为南黄海海岸线不断向东推移的一个清晰的直观截面标本。海安县老坝港磨担头范公堤，20世纪50年代初大汛潮水还能直达海堤脚下。1959年，海安县盐场摊铺工程指挥部组织民工2万人，在范公堤以外老坝港北侧至三十六总吴家港段围堤，动土1788.54万方，匡围滩涂1.3万亩，修建海安盐场(后于1964年由南通地区行署协调划出6500余亩给如东县)。1964年，海安盐场停止生产，围垦区域建成海洋渔业公社及县属蚕桑良种场。蚕种场大面积栽植湖桑，短短十几年间，成了沧海桑田的鲜活写照。1979年至1980年，海安县北凌河东段疏浚工程指挥部再次在洋北港外侧组织民工进行北凌新闸建闸围垦，动土1624万方，筑堤4.26公里。开发滩涂0.23万亩。建成北凌新闸，兰波紫菜育苗、加工基地，国家二级群众渔港。

1984年11月至12月，海安县滩涂围垦工程指挥部组织民工3.55万人，在北凌闸下游南起如东县栟北垦区西北角，北至东台市鱼舍垦区退建海堤段，动土120.35万方，筑建海堤2.78公里，修复加固东台海堤1.56公里，匡围滩涂2万亩。建成以中洋集团为龙头的长江珍稀特种水产品养殖基地。

2009年起，海安县第四次进行更大规模围垦，向南黄海潮间带东去约10公里，匡围滩涂3.7万亩，成为整个南黄海沿海地区新世纪第一垦。一些投资超亿元的大型现代化农业企业与旅游休闲度假企业已相继入驻垦区。挖入式海港正在规划与设计及申报之中有序推进。新垦区大量土地成为海安县滨海新区的高速发展平台。与海安县相邻的东台市也已经进行与海安县新围垦海堤相连接的大规模围垦，其中也将建设深水港口的条子泥围垦工程即将竣工。

垦殖使南黄海沿海渔业生产方式产生巨大变化，珍稀鱼类和贝类养殖、紫菜养殖成为南通沿海大多数渔民重要的生产经营活动和重要的经济收入来源。

位于海安老坝港滩涂垦区的中洋集团水产养殖基地，是整个南黄海沿海滩涂垦殖事业的代表性产业形象。

中洋集团水产养殖基地始建于1988年，占地265公顷（4000亩），是一个集长江珍稀鱼类养殖、研究、开发、保护以及旅游观光休闲为一体的大型现代化农业生态园。其中以养殖中华东方暗纹河豚为主的中洋河豚庄园驰名全国。经过20多年的发展，中洋河豚庄园已建有两套集约化养殖设施，20万平方米工厂化养殖场房，2400亩露天野化驯养场。主要养殖产品为长江珍稀鱼类：河豚、鲥鱼、刀鱼、鲟鱼、扬子鳄、大鲵等。其中主导产品东方暗纹河豚年养殖量在650万尾以上，养殖规模居全国第一。年存池鲥鱼、刀鱼40万尾。首创采用先进的控毒养殖技术的“中洋河豚”已被列为国家级地理标志保护产品与驰名商标。

鳗鱼养殖在南黄海沿海垦区是较之河豚等长江珍稀鱼类养殖更为普遍的养殖业态。特别是20世纪90年代至21世纪初，鳗鱼养殖及成鳗加工业飞速发展，一度遍布整个南黄海沿海垦区，成为主导产业。因为鳗鱼苗无法人工繁殖，需从滩涂潮间带及长江口捕捞，许多渔民从事鳗鱼苗捕捞，并以此致富。细如绣花针的鳗鱼苗由初期的每条几分、几角钱，逐渐涨至几元乃至10元以上，成为名副其实的“软黄金”。不少渔民家庭的漂亮小洋楼就是靠“打鳗鱼秧儿”建起来的。21世纪以来，随着鳗鱼苗资源的日渐稀少，养鳗成本加大，鳗鱼养殖逐渐减少，大量养殖企业转向紫菜育苗、养殖及加工。

南黄海滩涂藻类紫菜养殖于20世纪80年代初引进，21世纪以来得到迅速发展，目前已成为南黄海沿海滩涂垦区主要养殖产品。海安老坝港兰波实业有限公司成为紫菜养殖及育苗骨干企业，其条斑紫菜育苗量居亚洲第一。启东、如东、海安、东台等县市紫菜养殖面积以百万亩计，紫菜加工生产线数百条，紫菜产量占全国紫菜产量过半，因其质量上佳，成为国际紫菜市场上的抢手货。如东、海安等县市均建有大型紫菜拍卖交易市场，吸引大批国内外客商，每年成交量及成交金额均以亿计。21世纪初，南黄海沿海各县市紫菜养殖企业组成江苏省紫菜业商会，向国际世贸组织诉日韩等国设置紫菜贸易壁垒，几经波折终于胜诉。至此，南黄海紫菜以自有品牌成功进入日韩等紫菜消费大国市场。

文蛤养殖为南黄海滩涂继鳗鱼养殖、紫菜养殖之后又一重要养殖产业。南黄海滩涂风浪较小，潮流畅通的海区以及细沙性平坦滩面成为文蛤人工养殖的最佳场地。为了防止在养殖过程中文蛤随潮汐流失，一般养殖场地外围需围双层网，场内用绳或网等分隔成小块，避免文蛤迁移时堆积到某一处。场地建好后，开始选文蛤苗。要选择潜沙能力强、体表光亮、无损伤、无病害的文蛤苗。在涨潮前，将文蛤苗均匀撒播于滩面上。日常管理主要检查支撑桩（竹梢）和围网，发现倒下的要及时扶起加固；疏散围网边结集的文蛤，尤其在大潮汛期，注意清除损害文蛤的敌害生物，如蟹类、鱼类、螺类等。及时清理已死亡的文蛤。成品文蛤采收用拍板拍击沙珩，使文蛤浮出沙面，便于捡拾装袋。人工养殖文蛤一次采收量很大，以手扶拖拉机运载过港上岸。

竹蛏也可通过围栏养殖的技术进行生产。养殖环境应选在内湾或港边附近比较平坦且略有倾斜的滩涂，选好地方后要对蛏田进行翻涂、耙涂、平涂等一系列改造，才可播放苗种。平时可采用间隔蓄水关养和定期施肥新技术。蛏子在蓄水关养期比平常养殖时间长，温度又适宜，蛏子生长较快。长期施肥和定期施肥的目的是促进田里硅藻的繁生，保证为蛏子提供充足的食物。

对虾养殖、梭子蟹养殖、大黄鱼养殖亦为南黄海滩涂重要养殖项目。

滩涂海产品养殖已经成为南黄海沿海渔民目前最主要的渔业生产方式与致富途径。南黄海沿海渔村面貌也在近20年间发生巨大变化，绝大多数渔民家庭住房为别墅式小洋楼。沿海各县市乡村民房均以渔村民房质量最高、造型最好。

港湾里的木质机帆船

远洋渔业捕捞作业完全实现渔轮化、机械化。传统的风帆木船已经彻底退役。南黄海渔业生产使用渔轮，最早在20世纪初。南通实业家张謇于清光绪二十九年（1903），在吕泗创办渔业公司，规模虽然不大，却是首创，开中国现代渔业之先河。在取得经验的基础上，张謇又于光绪三十一年（1905）在上海创办江浙渔业公司，由官款垫资，购买了一艘德智蒸汽机拖网渔轮，取名“福海”号。这是南黄海渔区第一艘渔轮，开创了南黄海利用现代化渔轮捕捞作业的历史。作为农工商总长，张謇于1906年主持绘制了《江海渔界全图》，第一次标明了我国渔场界域的经纬度，成为中国第一份自主绘制的展示我国海权的渔场海图。

对使用了千年的传统木帆船进行机械化改造，起始于1958年人民公社化，此时期集体经济逐渐壮大，迅速掀起了一股制造大型机帆船的高潮。至1962年前后，南黄海沿海各县市渔业公社均已拥有大型机帆船数十对。新型机帆船以柴油机作为主要动力，大帆为辅助动力，生产能力得以提高。

进入20世纪80年代，渔业生产承包责任制极大地激发了渔民的生产积极性，率先富裕起来的渔民踊跃投资建造新型钢质渔轮，此时每条钢质渔轮造价约在60万至100万之间。至新世纪初，南黄海南部渔业乡镇一般均拥有钢质渔轮数十对，全部由大马力柴油机作为动力。渔轮上配有对讲机、无线电话、定位仪、雷达、测向仪、探鱼器等现代化通信设备和探鱼设备，同时使用机制尼龙、聚乙烯新型网具，生产效率得到极大提高。钢质渔轮速度快、航程远、抗风力强、载重量大、远洋活动范围广。东至韩国，北到渤海、丹东，南达台湾海峡的广阔海域，均成为渔轮捕捞的区域，捕捞产量达到历史最高水平。启东吕泗、如东洋口、东台弶港等国家级渔港，每当渔轮出海之时，千舟竞发，劈波斩浪；如逢进港之际，万船涌动，满载而归，蔚为壮观。历经千年的南黄海渔业进入了一个崭新时代。

主要参考引用资料：

《南通市农村非物质文化遗产普查资料汇编·启东卷》

《南通市农村非物质文化遗产普查资料汇编·如东卷》

《南通市农村非物质文化遗产普查资料汇编·海安卷》

互联网：启东、如东、海安、东台等县市门户网站，如东热线、东台人论坛等。